食用菌栽培技术图说丛书

图说香菇花菇高效栽培关键技术

王 波 禹宗本 鲜 灵 编著

金 盾 出 版 社

内 容 提 要

本书由四川省农科院食用菌开发研究中心王波副研究员等编著。内容包括：香菇花菇的生物学特性，栽培设施与设备，菌袋制作，出菇管理，产品保鲜与加工，病虫害防治等。全书除内容丰富，通俗易懂外，还将关键技术用图片表示，力求达到看图学习生产技术，照图种植的目的。适合食用菌专业户，食用菌生产场及加工厂和相关人员阅读。

图书在版编目(CIP)数据

图说香菇花菇高效栽培关键技术/王波等编著.—北京：金盾出版社，2005.3

(食用菌栽培技术图说丛书)

ISBN 978-7-5082-3427-4

Ⅰ.图… Ⅱ.王… Ⅲ.食用菌类-蔬菜园艺-图解 Ⅳ.S646-64

中国版本图书馆 CIP 数据核字(2004)第 141787 号

金盾出版社出版、总发行

北京太平路 5 号(地铁万寿路站往南)

邮政编码：100036 电话：68214039 83219215

传真：68276683 网址：www.jdcbs.cn

封面印刷：北京百花彩印有限公司

正文印刷：北京 2207 工厂

装订：科达装订厂

各地新华书店经销

开本：787×1092 1/32 印张：3 字数：66 千字

2009 年 4 月第 1 版第 3 次印刷

印数：21001—29000 册 定价：10.00 元

前　言

香菇、花菇是我国重要的栽培食用菌和主要出口菇类商品之一，在全国各地都有生产。我国是香菇、花菇生产大国，产量居世界首位。随着育种和栽培新技术的不断推出，我国香菇、花菇生产水平迅速提高，培养料袋栽技术已在生产上取得实破，并实现了规模化生产。香菇、花菇营养丰富，是深受消费者喜爱的保健食品。除了鲜销外，还可加工成干品、盐渍产品以及罐头等，销路广，出口量大。为了普及香菇、花菇生产技术，提高产量和质量，我们根据科研成果，总结生产经验，编写出了《图说香菇花菇高效栽培关键技术》一书。全书为彩色印刷，关键操作技术环节用彩色图片展示，使读者一目了然，看图学技术，照图会操作，能基本满足读者掌握香菇、花菇高效栽培关键技术的愿望。

在编写过程中，参考了各同仁的研究成果，一些生产者和产品加工企业为我们提供了拍摄照片的实物，同时，得到了作者所在单位同事的支持，在此一并致谢！

由于作者水平有限，书中错漏之处，敬请读者博雅指正。

编 著 者

2004年11月

联系单位：四川省农业科学院土壤肥料研究所
四川省农科院食用菌开发研究中心
地　　址：成都市静居寺路20号
邮　　编：610066

目　录

一、概　述

（一）开发利用现状及前景

香菇是亚洲国家主要栽培食用菌，我国香菇年产量达到221.4万余吨(2002年)，成为世界上香菇生产第一大国。近年来，西方国家也开始生产香菇，香菇已成为世界第二大食用菌栽培种类。

我国香菇生产历史悠久，距今已有1 000多年历史，各地都有栽培，是世界上香菇栽培发源地。随着香菇育种和栽培技术研究不断取得新成果，香菇生产水平不断提高，由段木生产转向培养料栽培，缩短了生产周期，提高了产量，实现了周年生产。此外，在袋栽花菇生产上，也取得了较大进展，并已开始了规模化生产花菇。香菇还是我国重要出口商品，产品有鲜菇、干菇和盐渍菇等，2002年我国出口干香菇6 648吨，占世界香菇贸易额的80%。因此，香菇是一种有着很大开发前景的食用菌。

(二) 经济价值

1. 营养价值

香菇是一种有益于人类健康的食品，自古以来就有“山珍”，“健康食品”，“植物性食品的顶峰”等美称。鲜菇鲜嫩可口，干香菇香气袭人，因而受到人们的青睐。香菇中蛋白质含量高，氨基酸、维生素和矿物质含量丰富(表1，表2)。

表 1　香菇主要营养成分（克 /100 克）

成　分	含　量	
	鲜　菇	干　菇
水　分	91.1	10.3
蛋白质	2.0	20.3
脂　肪	0.3	3.4
总　糖	5.3	52.9
纤维素	0.9	8.9
灰　分	0.4	4.2
钙	4	12
磷	26	270
铁	0.4	4.0
钠	3	9
钾	170	2100
维生素 B_1(毫克)	0.07	0.57
维生素 B_2(毫克)	0.24	1.70
尼克酸(毫克)	2.4	18.0

引自 94 年版《きのこ年鉴》

表 2　氨基酸含量（毫克 /100 克鲜菇）

种类	异亮氨酸	亮氨酸	赖氨酸	甲硫氨基酸	胱氨酸	苯丙氨酸	酪氨酸	苏氨酸	缬氨酸	组氨酸	精氨酸	丙氨酸	天门冬氨酸	谷氨酸	甘氨酸	脯氨酸	丝氨酸
含量	64	100	94	24	33	63	36	74	20	38	86	99	130	320	76	56	68

引自 94 年版《きのこ年鉴》

此外，香菇中的鲜味成分是一种水溶性物质，其主要成分为 5′-鸟苷酸(5′-GMP)、5′-腺苷酸（5′-AMP)、5′-

胞苷酸、5′-尿苷酸等核酸组成，含量均在0.1%左右。香菇中的香味成分是一种复杂的含硫化合物，约有38种，其中主要成分为香菇精（Lenthionine），是一种挥发性环状含硫化合物，分子式为$C_2H_4S_5$，名称为1，2，3，4，5－五硫杂环庚烷。

2. 药用价值

我国历代医药学家就对香菇的药性和功用有诸多著述。如《本草纲目》中记载，香菇“平，甘，无毒”；《日用本草》中记载，香菇“益气，不饥，治风破血”；《医林纂要》认为香菇“甘，寒”，“可托痘毒”；《本经逢原》认为香菇“大益胃气”；《现代实用中药》认为香菇“为补偿维生素D的要剂，预防佝偻病，并治贫血”。现代科学研究证实，香菇具有降低胆固醇，防治心血管病、糖尿病、佝偻病和健脾胃、助消化的功效，能强身滋补，清热解毒，以及有抗流感病毒、抗肿瘤的作用等。

(1) 降低胆固醇作用

香菇中含有降低胆固醇作用的物质，为香菇素或香蕈素（Lentiacin），是一种香菇腺嘌呤，分子式为$C_9H_{11}O_4N_5$。

(2) 抗肿瘤作用

香菇多糖对小白鼠S-180肉瘤的抑制率可达100%。香菇多糖为β葡聚糖，其结构为β(1→3)为主链，β（1→6)为侧链右旋三螺旋的葡聚糖，分子量为50万。在临床上利用香菇多糖对胃癌和肝癌患者注射，能提高患者免疫力和防治因放射性治疗引起的头痛、呕吐、下痢等疾病。在日本已开发出了香菇多糖药品，药品名为レンチナン，是从子实体中提取的多糖体，剂型为注射剂，用于治疗胃癌。

(3) 抗病毒作用

香菇菌丝体中提取的小分子量含肽多糖KS-2，具有抗流感病毒作用，它还具有抗肿瘤作用。香菇子实体和孢子的热水提取物，能阻止流感病毒（A/SW15）和羊的口腔炎病毒增殖。此外，还具有抑制烟草花叶病毒（TMV）的作用。

(4) 对佝偻病的防治作用

香菇中含有丰富的维生素D。由于佝偻病是食物中缺乏维生素D和日光照射不足引起的，因此食用香菇可预防由维生素D缺乏而引起的佝偻病。

二、生物学特性

（一）分类地位

香菇，隶属于菌物界（Mycetalia）、真菌门（Eumycota），真担子菌纲（Eubasidiomycetes）、伞菌目（Agaricales）、侧耳科（Pleurotaceae），香菇属*(lentinus)*，或小香菇属*(lentinula)*。香菇又叫香菌、香蕈、香菰、冬菇、香信、花菇、春菇、毛菇(四川)等。

学名为：*Lentinus edodes*(Berk.)Sing.

或：*Lentinula edodes*(Berk.) Pegler.

英文名：Shiitake，Black forest mushroom，Black mushroom，Oakwood muskroom，chinese mushroom，shianggu，shiang.ku，Donku，Pasania。

日文名：シイタケ（椎茸）。

（二）形态特征

香菇由菌丝体和子实体两大部分组成。

1．菌丝形态

香菇单核菌丝是由一个担孢子萌发而成的，单核菌丝有横隔、无锁状联合；双核菌丝具有锁状联合，每个细胞内有2个细胞核。菌丝体白色，浓密，粗壮，生长整齐(图1)。

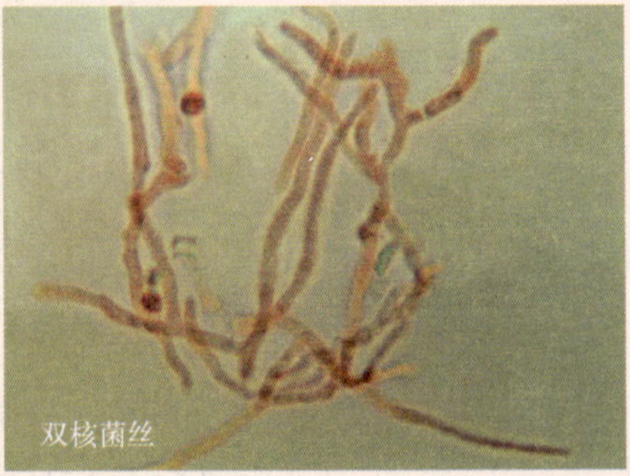

图1　菌丝形态

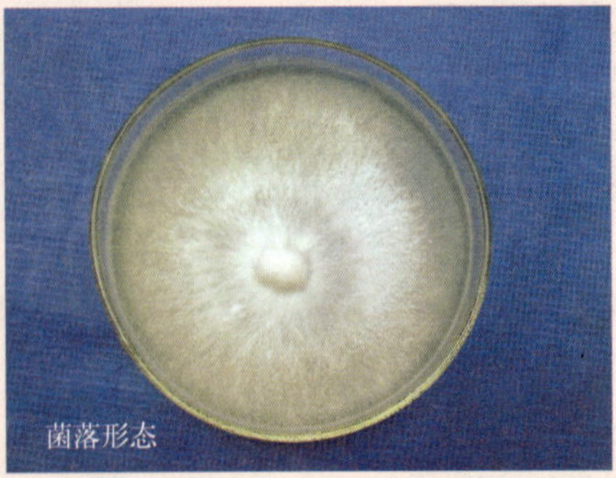

2. 子实体形态

菌盖半球形至稍平展，表面有浅褐色、深褐色的鳞片，鳞片似毛状或絮状，菌盖直径5～20厘米。菌肉白色，厚，致密。菌褶白色，密，不等长，弯生。菌柄中生，白色菌环以下表面覆盖一层毛状鳞片，纤维质。菌环白色，易消失。孢子印白色。孢子无色，光滑，椭圆形至卵圆形，4.5～7微米×3～4微米。每个担子上着生4个担孢子（图2）。

子实体

图 2　香菇子实体形态

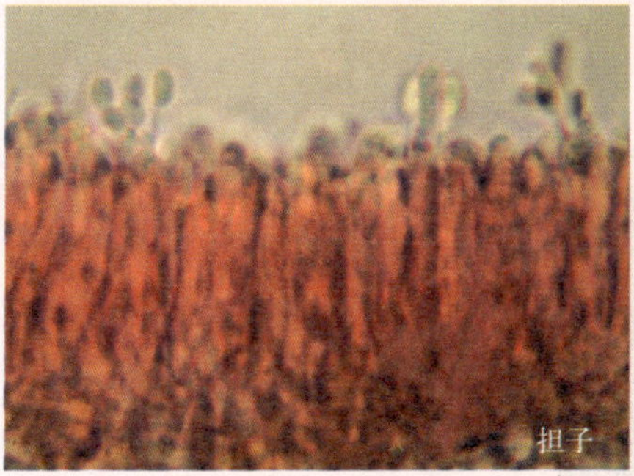

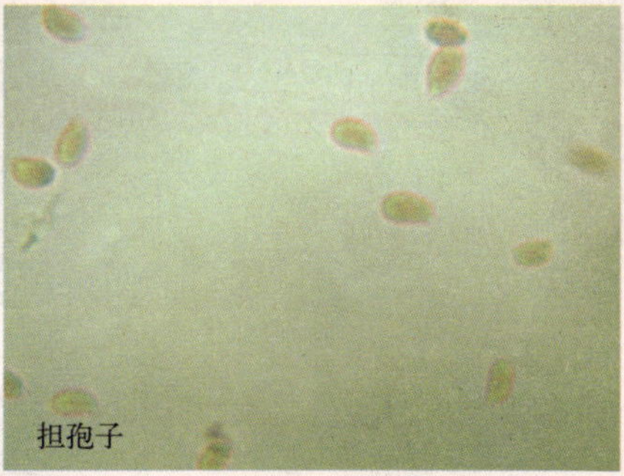

（三）营　养

香菇是一种腐生菌，适宜在木材上生长。生产上除用阔叶树段木来生产外，还用阔叶树木屑来生产。以木屑、棉籽壳等作为碳源；麸皮、玉米粉、米糠等作为氮源，由碳源和氮源组成香菇生长的培养料。

（四）环境条件

1. 温 度

香菇菌丝体生长的温度范围为5℃～32℃，最适生长温度为24℃～27℃，温度高于35℃时，生长受到抑制，38℃以上就会死亡。子实体生长温度为5℃～30℃，低温型品种最适生长温度为8℃～15℃，中温型品种最适生长温度为12℃～20℃，高温型品种最适生长温度为15℃～28℃。温度偏低时，子实体生长缓慢，菌盖厚，圆整，菌柄粗、短；温度高于25℃时，子实体生长快，菌盖薄，易展开，菌柄长，细小（图3）。

图3　温度对子实体生长的影响

2. 水分与湿度

菌丝体生长的水分来自培养料，菌丝体生长培养料的适宜含水量为60%～65%。子实体生长期间，适宜的空气相对湿度为80%～85%，湿度低时，菌盖表面出现干裂，生长缓慢，因此，生产花菇时，需要较低湿度，空气相对湿度以60%～70%为宜。

3. 空　气

香菇是一种好气性菌类，菌丝体生长也需要氧气，在充足的新鲜空气下才能正常生长；子实体生长只有在新鲜空气充足时才能正常生长。二氧化碳浓度增高后，会长成柄长、盖薄的菇，严重时会长成畸形菇（图4）。

图4　畸形菇

4. 光　线

菌丝体生长阶段不需要光线，光线过强时，菌丝体会变为褐色，并形成菌皮。转色就是利用这一原理进行的。香菇原基形成和子实体生长需要散射光照，适宜的光照强度为200～600勒，在此光照环境下，子实体颜色深，柄短、粗壮，盖厚、圆整（图5）。在光线暗的环境条件下，长出的子实体柄长，盖薄，颜色浅（图6）。

图5　光照适宜条件下生长的香菇

图6　光线弱条件下生长的香菇

5．酸碱度（pH 值）

香菇喜在酸性条件下生长。香菇菌丝体生长适宜的pH值为3～6，pH值大于7.5时，就会抑制菌丝体生长，最适生长pH值为5～6。香菇原基形成和子实体发育适宜的pH值为3.5～4.5。

三、栽培设施与设备

（一）机械设备

1. 木材粉碎机

栽培香菇的木屑原料要求较粗，颗粒直径以 0.1～0.3 厘米为好。因此，须用专用木材粉碎机将树木和树枝粉碎。粉碎机是将木材切片后再粉碎，每小时可加工木屑 200～3 000 千克。以粉碎新鲜树木或树枝为好，干燥的木材易磨损刀片（图 7）。

图 7　木材粉碎机

2. 拌 料 机

(1) 过腹式拌料机

这种拌料机体积小，移动方便，是生产上常用的拌料机械（图 8）。其工作原理是利用高速旋转的叶片将培养料打散混合拌匀。拌料时，须先将干原料混合拌匀后，再加入所需的水，然后铲取培养料倒入开启的拌料机内，通过高速旋转的叶片将培养料混合拌匀后排出，一次没有拌匀的，须再拌1次，直到拌匀为止。此外，还可用来粉碎菌渣。

图8　过腹式拌料机

(2) 料槽式拌料机

这种拌料机是将各种培养料一并加入料槽内，开启电机，利用旋转的叶片翻动、拌匀培养料，再加入水搅拌混匀(图9)。

图9　料槽式拌料机

(3) 其他拌料机

还可利用装袋机来拌料，即将先加水初混匀的培养料倒入装袋机内，通过旋转螺旋状轴的挤压作用将培养料拌匀。也可用水稻、小麦脱粒机来拌料，其操作方法同过腹式拌料机。

3. 装 袋 机

(1) 简易式装袋机

简易式装袋机是利用电动机带动螺旋状轴，将培养料从出料筒中排入塑料袋内（图10）。有大小不同出料筒的装袋机，适宜于不同规格的塑料袋装料，可用于折径为15厘米、17厘米、20厘米，22～23厘米的塑料袋装料。有的装袋机可更换不同大小的出料筒和螺旋状轴。

(2) 冲压式装袋机

冲压式装袋机是将培养料压入料筒内，然后进入出料筒内，利用下压作用将培养料压入套在出料筒的塑料袋内（图11）。这种装袋机还可与拌料机和输送培养料装置连接，进行全流程自动化作业。

图10　简易式装袋机

图11　冲压式装袋机

(二) 灭菌设备

灭菌设备分为高压灭菌灶和常压土蒸灶两种类型，生产上常用的为常压土蒸灶。

1. 砖制土蒸灶

用砖和水泥制作土蒸灶，是食用菌生产中常用灭菌灶(图 12)。这种灭菌灶分为单锅灶和双锅灶。单锅灭菌灶体积较小，1 次可装料袋 500～800 袋；双锅灭菌灶可装料袋 1 000～1 200 袋。

单锅灶的灶体长和宽为150厘米，高为200厘米，灶内安装一个口径为100厘米的铁锅。双锅灶是指灶内并排安装两口直径为100厘米的铁锅，灶长为300厘米，宽200厘米，高为200厘米。灶体用砖砌制而成，在内外壁上都抹上水泥沙浆，要求内壁光滑。双锅灶内双锅之间设置 1 个水槽，使两锅中的水互相流通。另外，需在灶外侧，即在烟道与灶体之间设置一个热水池，热水池用小铁锅制作，口径为 50 厘米，四周用砖砌一个边框，形成一个热水池，在灶体内与热水池之间安装 1 根铁管，便于向灶内锅中补充热水，防止水被烧干后烧坏铁锅。在灶体一侧开一个门，门的大小以对角线能放入铁锅为宜，以便更换被烧坏了的铁锅。门不宜过大，否则不易密封。在灶体距底部 40 厘米处开门，门高为 120 厘米，宽为 50 厘米。门框边缘向内凹进 4 厘米，边缘要求呈水平状且光滑，便于门与门框紧贴减少漏气量。在门的两侧均匀地各安装 3 个钢筋环，直径为 7～8 厘米，用于上木棒加木楔扣紧门板。门板用木板制作，在内侧贴上塑料薄膜，并在中央开 1 个插入温度计的小孔。在灶体内排放二层砖，放上木板作横隔，在横隔上排放料袋。炉膛制作成烧煤的灶，要求煤燃烧时火力大。

灭菌时，将料袋整齐地、一层一层地堆码在灶内，每排料袋之间留一条缝便于蒸汽流通。当温度上升到100℃时，在此温度下保持13～15小时，再焖1夜后开门取出料袋。灭菌期间要常补充热水，防止水烧干后铁锅被烧坏。

2. 小型钢板灭菌灶

图12　砖制土蒸灶

该灶用钢板焊接制作，以蜂窝煤作燃料，操作方便，便于灶体运输。灶体规格为高220厘米，长和宽为130厘米。在一侧开1个宽为60厘米，高为120厘米的门。在灶内距底部30厘米处，焊接一圈角钢，用于排放木板作横隔。底层钢板厚为0.5厘米，其余部位的钢板厚为0.3～0.4厘米。在横隔两侧各排放一根带小孔的铁管，并一端伸出灶体外，安装上阀门，用作排气之用。门边缘焊一圈角钢，并焊接上螺母。门也用钢板制作，在门边缘开圆孔，与螺母相对应，便于将门扣上后用螺帽扣紧（图13）。

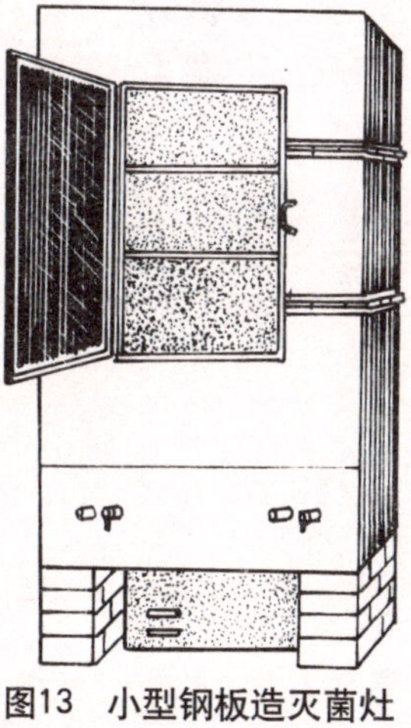

图13　小型钢板造灭菌灶

炉膛制作成烧峰窝煤或散煤。以烧蜂窝煤的炉膛为好，使用方便。烧普通煤的灶膛同土蒸灶。用蜂窝煤作燃料的灶，用一个煤车装煤燃烧，煤车底部为炉桥，四周用铁板制作，在下方角安装4个铁环作轮子，煤车长85厘米，宽75厘米，高度为40厘米，1次可装148块大号蜂窝煤，在煤车内装煤后，煤顶部距灶体的高度为

3厘米左右。

灭菌时，在灶体内装足水，使水面距槽隔约5厘米。然后整齐地排放料袋，一次可装料袋500个。关闭炉门后，送入点燃了蜂窝煤的煤车。当灶内水被烧开，打开排气阀门有大量蒸汽出现时，用铁板挡着炉膛口，小火维持保温。若门关闭较严不漏气时，应微开启排气阀门，让部分气体排出，防止产生高压，胀破灶体。煤燃烧结束后，再焖1夜或半天后取出料袋。

3. 大型钢板灭菌灶

用钢板制作的大型灭菌灶，具有密封严，升温快的特点，是生产上用于代替砖制土蒸灶的灭菌灶。一次可装料袋2 000～3 000个，便于大规模生产。

整个灶体用钢板制作，长300厘米，宽180厘米，高240厘米，或长为300厘米，宽为200厘米，高为200厘米等不同规格的灶体。灶体内底层为盛水槽，在距底部30厘米处安装横隔。在一侧中央开1个门，一端安装1个进水管，另一端安装1个水位管，水位管距底部10厘米左右，在水位管上连接1根透明的塑料管竖直起来，通过塑料管内水位来判断灶体内水量。加热装置为燃煤的灶，一端为燃烧煤的炉膛，另一端设置烟道（图14）。

图14　大型钢板灭菌灶

4. 开放式船形灭菌灶

这种灭菌灶是制造一个装水的灶体，在灶体上排码料袋，覆盖塑料薄膜进行灭菌。具有上下料袋方便，灭菌结束后冷却快等优点。

灶体用钢板制作，灶体长250厘米，宽为180厘米，高为60厘米。底层钢板厚为0.5～0.8厘米，四周钢板厚为0.3～0.4厘米。在距底部40厘米处设置横隔，横隔支撑架用铁管制作，间隔30厘米排放1根，在中央用直立铁管支撑。靠两边的铁管兼作排气管，在铁管上开数个小孔，一端延伸出灶体并安装上阀门。在一侧安装1个进水管。灶体四边设置平台，平台与灶体呈45°角倾斜，宽为40厘米。在灶体四周内壁焊接短铁管，间隔30厘米1个，用于竖直高为100厘米的铁管。另外，在平台下方焊接铁钩，用于拴绳（图15）。燃烧装置设计为烧蜂窝煤的灶。用砖墙将灶体支撑起来，使灶体距地面的高度为70厘米，三面为砖墙，中间用砖墙分隔成2个炉膛。用两个煤车装蜂窝煤，每个煤车内装200个蜂窝煤。煤车底部为炉桥，四周用铁板制作，四个角上安装铁环作轮子。煤车长100厘米，宽100厘米，高为45厘米。

装袋灭菌时，在灶内装30厘米深的水。在铁管上排放木板，四周直立150厘米高的铁管。将料袋整齐地码好，并使顶部料袋高于铁管并呈龟背形。用一块厚为0.12厘米，

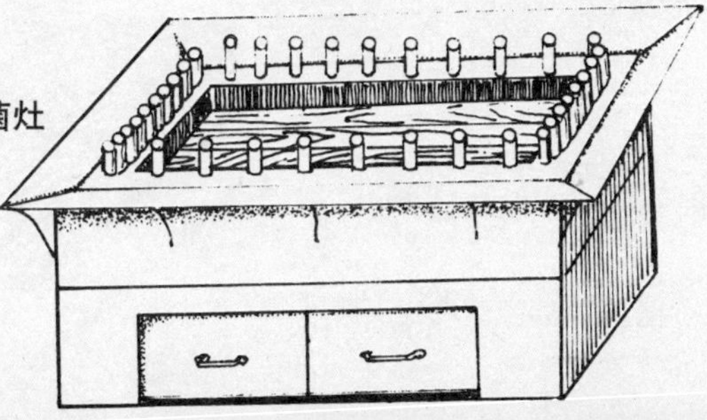

图15　开放式船形灭菌灶

宽为8米的塑料薄膜覆盖，再在其上盖彩色塑料薄膜，四周平台上用沙袋压紧塑料薄膜，要求压紧压实。然后用绳子纵横交错地捆绑好，防止蒸汽掀开塑料薄膜。在煤车内放置几块点燃的蜂窝煤后，送入灶膛内，当煤完全燃烧起来，水烧开后产生大量蒸汽，并使塑料薄膜鼓胀似气囊状时，用铁板遮挡煤车入口处，减少通风量，小火维持。当煤燃烧结束，塑料薄膜不再呈气囊状时，再焖1夜或半天后取出料袋，从灭菌开始到结束，需要24小时左右。

5. 外源蒸汽式灭菌灶

这种灭菌灶由供蒸汽的铁柜和灭菌室组成。制作成本低，操作方便。

(1) 蒸汽发生装置

用铁柜装水烧开产生蒸汽供灭菌之用。铁柜长150厘米，宽100厘米，高55厘米，铁柜用钢板焊制，在顶部安装一根铁管用于输送蒸汽，一侧距底部10厘米处安装1根铁管作进水管，并兼作水位管。将铁柜置于砖墙上，距地面高为40厘米，三面为墙。另外，制作一个煤车，煤车长130厘米，宽90厘米，高30厘米，在煤车内装蜂窝煤250块左右，进行灭菌(图16)。

图16　外源蒸汽式灭菌灶

(2) 灭菌场

灭菌场是在地面建造，选择一个地势平坦的场地作堆码料袋灭菌的场所。先在地面上四周和中央砌砖作横隔的支脚，高度为两块砖的厚度。然后排放上粗竹竿或木板，再铺上编织袋，形成一个平台。最后排放料袋，要将料袋顶部排放呈龟背形，再用1张厚为0.12厘米塑料薄膜和1张彩条薄膜覆盖，四周用沙袋压实。用塑料管连接在排气管上，将塑料管的另一端伸入堆料袋的平台下方，输送入蒸汽，在100℃左右下灭菌。灭菌场的大小根据料袋的多少而异，可设计为长、宽为350厘米×230厘米，一次可灭菌1 000~2 000个料袋。此外，还可用钢筋制作1个框架，在框内装入料袋进行灭菌。

灭菌操作方法同开放式船形灭菌灶。

6. 蒸汽锅炉供气灭菌灶

利用锅炉产生的蒸汽输入堆码好并且用塑料薄膜包裹的料袋内，保持温度在100℃左右下进行灭菌。1个0.75吨的锅炉可同时灭菌二灶，约6 000袋，有利于大规模生产。灭菌方法是：在水泥地面上铺放一层砖，并要间隔排砖，再铺放上木板，将料袋整齐地堆码起来，然后覆盖塑料薄膜和彩条塑料薄膜，四周用沙袋压实，防

图17　蒸汽锅炉供汽灭菌

止蒸汽大量排出。用铁管将蒸汽输入料袋堆底部，利用蒸汽升高温度；当塑料薄膜鼓胀呈气囊状时，减少通气量，并在此状态下保持15～18小时进行灭菌（图17）。

7. 油桶供汽灭菌灶

油桶供汽灭菌灶是用汽油桶装水，加热烧开桶内的水，产生蒸汽后，将蒸汽输入到堆码的料袋中进行灭菌的方法。这种灭菌灶制作成本低，操作简便，是一种较适用的灭菌灶。

(1) 油桶产汽设备

用3个汽油桶制作，将2个汽油桶并排放置在炉灶上，再在2个汽油桶上放置1个汽油桶，下方2个汽油桶装水作产生蒸汽用，上方1个汽油桶装水向下方2个汽油桶内补充热水，下方2个汽油桶各安装1根排气管和1根进水管，上方汽油桶上安装1根排水管和进水管。或者将3个油桶并排作产生蒸汽的装置（图18）。炉灶制作成以煤或蜂窝煤作燃料的灶。用蜂窝煤作燃料的炉灶，操作方便，在煤车内一次装250块蜂窝煤，煤燃烧殆尽后，灭菌也就结束。

图18　油桶供汽灭菌灶

(2) 灭菌场

在油桶灶旁边平整地面上，制作灭菌室，先在地面上排放砖，再在砖上排放竹竿或木棒，然后铺上一层编织袋。灭菌室规格为长350～400厘米，宽250～300厘米（图19）。将料袋整齐堆码在其上，顶部堆码呈龟背形。然后盖上1块塑料薄膜和1块彩条塑料薄膜，四周用沙袋压实，防止蒸汽大量溢出。灭菌时，将输送蒸汽的塑料管伸入灭菌室料袋横隔低部，当塑料薄膜鼓胀呈气囊状时，保持15～18小时，在此期间，用小火维持始终保持塑料薄膜呈气囊状，即温度可达到100℃左右。灭菌结束后，再焖半天或1夜后取出。

图19　灭菌场

（三）接种设备

1. 接种箱

(1) 单人接种箱

单人接种箱体积小，仅供1人操作。接种箱用木方条、层板和玻璃制作。箱体下半部为长方体形，上半部为梯形结构。上半部一侧为垂直面，另一侧为斜坡状面，在斜坡面上安装一个玻璃窗，作观察和取放接种物的入口。箱体高70厘米，长125厘米，下层宽60厘米，顶部宽30厘米。在下部开两个圆孔供伸入手操作用，圆孔直径为20厘米，相距36厘米，在圆孔上安装布袖套（图20）。

图20　单人接种箱

(2) 双人接种箱

双人接种箱的箱体较大，可供两人面对面地操作。箱体下半部为长方体形，上半部为梯形，上半部分两侧均为斜坡状面，并安装玻璃窗，在两侧下半部开伸入手操作的圆形孔，其方法同单人接种箱。箱体长160厘米，高75厘米，下半部长76厘米，宽50厘米（图21）。

图21　双人接种箱

2. 接种室

接种室是一间专门用于接种的房间。接种室体积不宜过大，以长300～400厘米，宽200～300厘米，高250厘米为宜。接种室分为内、外两部分，内为接种间，设置有操作平台；外为缓冲间，缓冲间宽为100厘米，入口处和内室的门要错向开，将门设计为平行移动门（图22）。在接种间和缓冲间均安装紫外线灯和日光灯。

图22 接种室

3. 塑料薄膜接种罩

塑料薄膜接种罩制作简便，生产成本低，可移动，适合于在不同场所放置进行接种操作。制作方法是：用竹竿或木条制成一个长方体或正方体的框架，其宽为200～300厘米，长为300～400厘米，高为180厘米。大小可根据接种量来决定，但不宜太大，否则不易创造无菌环境。在框架上罩上1个无缝隙的塑料薄膜，四周用沙袋或木板压着塑料薄膜，即为1个接种罩。将接种罩放在干净的水泥地面上，若地面为土地面，应先在地面上铺上彩条编织布或较厚的干净塑料薄膜，便于打扫垃圾和进行消毒灭菌处理（图23）。

图23　塑料薄膜接种罩

四、菌袋制作

（一）原料准备

1. 主　料

栽培香菇的原料主要为木屑，并且是阔叶树的木屑。由于松树、杉树、樟树、柏树等树木中含有抑制香菇菌丝生长的物质，因此不能用于生产香菇。木屑是用专用粉碎机将树木和树枝粉碎成的粗颗粒木屑，木屑直径 2~3 毫米（图24）。木材加工厂的细木屑也可用于栽培香菇，但产量较低。此外，棉籽壳、玉米芯和农作物秸秆也可用于生产香菇，但产量低，若与木屑混合组成培养料来生产香菇，可以提高产量。

图24　木 屑

2. 辅　料

辅料为麸皮、米糠和玉米粉等含蛋白质较多的原料，辅料用量较少，但也不可缺少。此外，还需要石膏粉、益菇粉、磷酸二氢钾和硫酸镁等，这类材料有补充矿物元素和稳定酸碱度的作用。

（二）培养料配制要领及配方

1．配制要领

培养料由主料和辅料组成，主料主要为木屑，若木屑较粗，可添加部分细木屑，这样可改善培养料的物理性状，对提高产量有效。此外，将木屑与棉籽壳或玉米芯，或蔗渣等混合使用，既可降低成本，又可增加香菇的产量和提高质量。辅料主要为麸皮、米糠、石膏和蔗糖等。

2．培养料配方

培养料配方见表3。

表3　培养料配方

配 方	成　分
配方1	木屑78%，麸皮20%，石膏1%，蔗糖1%
配方2	木屑63%，棉籽壳20%，麸皮15%，石膏1%，蔗糖1%
配方3	木屑78%， 麸皮18%，尿素0.3%，红糖1%，石膏1%，碳酸钙1%，过磷酸钙0.4%，硫酸镁0.3%
配方4	木屑72%，益菇粉7%，麸皮20%，蔗糖1%
配方5	木屑78%，麸皮20%，磷酸二氢钾0.3%，硫酸镁0.1%，石膏1.6%
配方6	木屑40%,棉籽壳40%,麸皮17%,石膏1.5%,石灰1%，磷酸二氢钾0.5%
配方7	玉米芯50%，木屑30%，麸皮18%，石膏1.5%，磷酸二氢钾0.5%
配方8	大豆秸秆40%,木屑20%,棉籽壳20%,麸皮17%,石膏1.5%,蔗糖1.5%

以上培养料配方的含水量为55%～60%，但生产花菇的培养料含水量要稍低，以含水量50%～55%为宜。pH值以5.5～6为宜。

（三）培养料配制

按配方比例称取主料，平铺在水泥地面上，若木屑为新鲜树木或树枝粉碎的，含水量高，要测算出干料含量后，再确定湿木屑的用量。然后将辅料混合均匀，撒在主料上，但糖、尿素、磷酸二氢钾、硫酸镁等要溶解于水中以后再加入料中。用铁铲翻拌混匀培养料，让主料和辅料充分混匀。然后在培养料中加入水，加水量依培养料中含水量不同而异，若为干培养料可按料水比为1∶1.2～1.3加入水，所用水要求为清洁井水或自来水。最后，用拌料机拌匀培养料（图25）。配制好的培养料要求主料与辅料混合均匀，含水量均匀且适度，即用手捏培养料无水滴出，但指缝间能见到水（图26）。配制好的培养料，要及时装袋，以免培养料中细菌繁殖，使培养料变质。

图25　拌匀培养料

图26　配制好的培养料

（四）装 袋

用规格为0.05厘米厚的塑料薄膜做成15厘米×55厘米，或25厘米×55厘米，或22厘米×43厘米等，并且一端已封好的塑料袋。生产香菇常用15厘米×55厘米规格的聚乙烯塑料袋，生产花菇时，常用25厘米×55厘米规格的塑料袋。装袋可用手工装袋和机械装袋，用直径较小的塑料袋以使用装袋机装料为好。机械装袋的方法是：1人将塑料袋套在出料筒上，右手握着出料筒和塑料袋，左手托着袋底；另1人向机械内加入培养料，以每1铲培养料装1袋为宜。当培养料源源不断地进入塑料袋后，逐渐后退，通过后退速度来调节培养料松紧度（图27）。其他人增减料袋内培养料后，用绳扎好袋口（图28）。

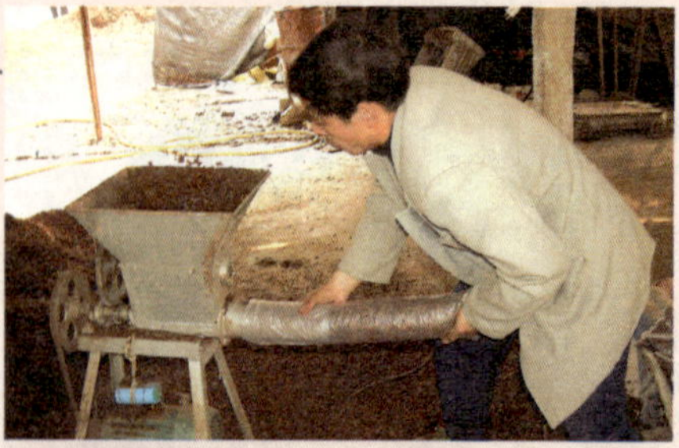

图27 装 袋

图28 扎袋口

（五）灭 菌

装入培养料的料袋要及时灭菌。灭菌分为高压灭菌和常压灭菌，生产上常用常压灭菌。这里介绍船形灭菌灶的灭菌方法。将料袋整齐地码在灶内（图29），然后用塑料薄膜罩上，再在其上罩上彩条塑料薄膜，四周用沙袋压严，防止蒸汽大量溢出，再用绳捆扎好。加热烧开灶中的水并产生大量蒸汽，当塑料薄膜鼓胀呈气囊状时（图30），减小火力，小火维持灭菌。灭菌原则是："攻头，控中间，保尾"，即大火迅速升高灶内温度，小火保持恒温，利用余热再进行灭菌。灭菌时间为18～20小时，随着灭菌料袋数量增加，适当延长灭菌时间。灭菌结束后，取出料袋，摊放在室内冷却。当料袋内温度降到30℃以下时，即可接入菌种。

图29 装 灶

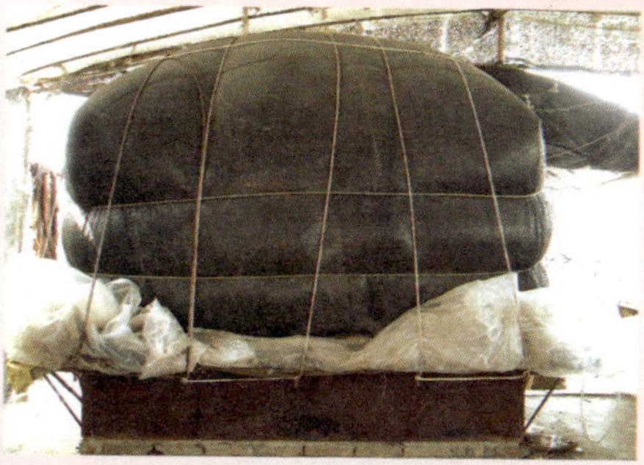

图30 灭 菌

（六）接 种

1. 菌种准备

菌种要求菌丝体生长旺盛，浓密，粗壮，无杂菌，未形成原基和子实体，没有干瘪，装菌种的容器没有破裂。香菇栽培种有袋装栽培种和瓶装栽培种（图 31）。

图 31　栽培种

2. 消毒处理

菌种袋或瓶外表用 0.1% 克霉灵或 0.25% 新洁尔灭等杀菌剂擦洗消毒（图 32）。接种场所用气雾消毒盒点燃熏蒸消毒，或者用甲醛与高锰酸钾产生气体进行熏蒸消毒。消毒处理 3 小时以后，待消毒药物气味减少后，开始进行接种操作。

图 32 菌种瓶外表消毒

3. 接种菌种

接种须在接种箱或接种室，或接种罩内进行。首先将打孔器和双手用消毒剂消毒处理后，在料袋上开孔接种。开孔方法有两种，一种是在料袋一侧打4个孔，另一种是在料袋两侧打孔，各打3～4个孔或打4～5个孔（图33）。然后将菌种分成小块，放入孔内，填满孔口，并且菌种要稍高出料袋表面（图34）。最后，在料袋上套上1个较薄的塑料袋，起到保湿作用，防止菌种失水不萌发，还有抑制杂菌侵染作用（图35）。

图 33 开 孔

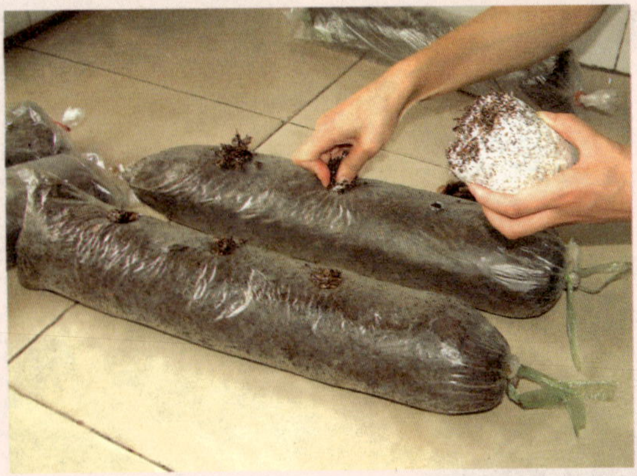

图 34　接入菌种

图 35　接上菌种的菌袋

（七）培养发菌

1. 夏季培养发菌方法

接上菌种的料袋移到培养室内，将料袋横积堆码起来，让菌种萌发生长。当菌种萌发生长后（图36），将菌袋呈“井”字形堆码起来，堆码高度为8～10层菌袋（图37），让菌丝体生长并长满菌袋，要防止高温烧死菌种。当菌丝体生长直径达到10～15厘米，或长满1/2袋时，脱去外套袋，或在接种孔旁边将外套袋挖一个孔，增加通气，促使菌丝体加快生长（图 38）。在夏季培养发菌时，要做好降温管理，将温度控制在 33℃以下，避免高温抑制菌丝生长，甚至烧死菌种。同时加强通风换气管理。

图 36　菌种萌发生长

图 37　“井”字形码袋

图 38　脱去外套袋

2. 冬季培养发菌方法

在冬季培养发菌主要是做好保温管理，将温度保持在20℃～25℃之间。即将菌袋横积堆码起来（图 39），让菌种萌发生长，当菌丝体长满 1/2 袋时，脱去外套袋，或在接种孔旁的外套袋上挖 1 个孔。将接种孔侧向排放，以增加通透性，促使菌丝体加快生长。若温度高于 25℃时，要采取“井”字形码袋培养。

图 39　横积堆码发菌

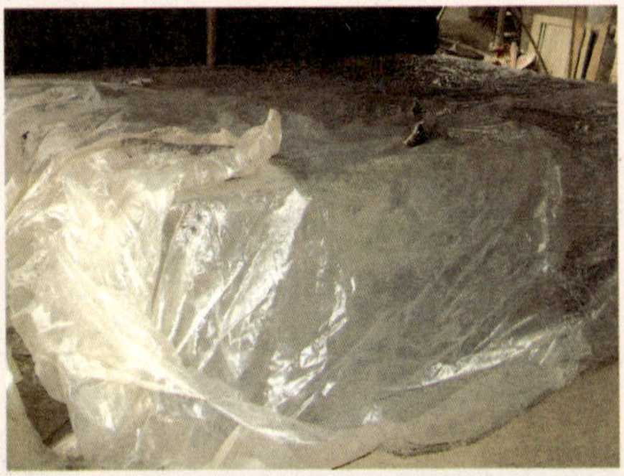

3．刺孔通气

当菌丝体生长到2/3袋或刚长满袋时（满袋时间过久后，不宜开展刺孔作业，否则，菌袋受到振动刺激后会出菇），用铁钉耙在菌袋上刺孔后（图40，图41），方可增加菌袋的通透性，补充新鲜空气，让菌丝体进一步生长，分解木屑，储备养分。气温较低时，刺孔要稍深，深度为3厘米左右。气温高时，要采取浅层刺孔，刺孔深度为1厘米左右。由于刺孔后增加了透气性，菌丝体生长速度加快，会产生生物热，升高袋内温度，此时，要将菌袋呈“井”字形或“△”形码袋（图42），同时加强通风换气，降低袋内温度。

图40　刺孔适期

图41　刺孔作业

图 42　刺孔后培养

（八）转色管理

1. 转色方法

转色是让菌筒表面形成一层菌皮，并变为棕褐色，为出菇作好准备，同时起到保水和防杂菌侵染作用。转色的优劣直接关系到产量和质量。转色方法有两种：一种是不脱袋转色，即将菌袋就地培养，并给予散射光照，光照强度在300勒以上，使菌袋自然变为棕褐色（图43）。在冬季气温较低时，应将菌丝体已长满袋，表面形成许多瘤状物的菌袋，移到出菇的塑料大棚内，排放在出菇架上，保持温度在15℃以上，进行转色管理（图44）。另一种方法是，将已达到生理成熟的菌袋，即表面出现许多瘤状物，接种孔周围开始出现褐色，有弹性感的菌袋（图45）移到塑料大棚内，脱去塑料袋后，使呈"人"字形靠在排袋架上（图46）。关闭塑料大棚，温度保持在18℃～22℃之间，空气相对湿度保持在80%～85%，湿度低时，应在地面上洒水来增加棚内湿度，并给予散射光照，让菌筒表面菌丝恢复生长。经过4天后，每天早上揭开大棚两端塑料薄膜进行通风换气30分钟左右，适当降低湿度，补充新鲜空气，防止菌丝体徒长，形成过厚的菌皮。

图 43　不脱袋转色

图 44　塑料大棚内不脱袋转色

图 45　适宜脱袋转色的菌袋

图 46　脱袋转色

2. 转色标准

转色标准是菌筒表面形成一层棕褐色菌膜（图47）。菌袋转色不良，即褐白相间，或有的没有转色，是不宜进行出菇的，否则易出现木霉侵染，造成烂菌筒。

图47　转色良好的菌筒

五、香菇出菇管理

（一）秋冬春季出菇管理

1．栽培设施

秋、冬、春季节是香菇生长的最适时期，即从9月至翌年4月栽培出菇，在此阶段气温较低，生产的香菇产量高，质量好。由于冬季气温较低，应在塑料大棚内栽培，才有利于保温、保湿管理。

(1) 塑料大棚建造

塑料大棚具有很好的升温、保温和保湿效果。其建造简便，做法是：用竹竿或铁管制作棚架结构。塑料大棚菇房宽为550厘米，长度因地势而异，中部高为180厘米左右。先规划出菇房的位置，在两侧相距50厘米处各竖立1根直径为2～3厘米的竹竿，将两侧的竹竿相向弯曲，在中央交接后用绳捆绑好，即形成一个拱形架，如此一排一排地制作好拱形架，在顶部和两侧放上横杆固定好拱形架，棚内中央相距150厘米竖立一排竹竿支撑棚架，增加其牢固性能。另外，棚架可用铁管制作，这种棚架牢固性好，使用时间长。最后盖上宽为700～800厘米的白色塑料薄膜或无滴塑料薄膜，四周用土块压严。在菇房四周开好排水沟。在夏季气温高时，需在塑料大棚上覆盖遮阳网或草帘，用来隔热降温（图48）。

图 48　塑料大棚

(2) 日光温室大棚建造

在北方地区的塑料大棚与南方的塑料大棚结构不同。其建造方法是，大棚北面和东、西面为墙，顶部和南面为塑料薄膜棚，这样的塑料大棚具有良好的保温效果。日光温室大棚规格为长 50～70 米，宽 6.5～8 米。在北面用砌砖墙，可增加保温效果，在墙体上开通风窗口，东、西两侧的墙高为2米，顶部为斜坡状。南面为塑料拱棚。棚架用铁管或钢筋制作，一端固定在北墙上，另一端插入土中，形成一个弧形棚架，架材相距1米排放。再在棚架上均匀地排放 3 根横杆，固定好拱形架。盖上热合成整体的塑料薄膜，四周接触地面部位用土块压实。再在塑料薄膜上盖上编织好的草帘，将草帘用绳串连好便于收卷，一端固定在北墙上，另一端自然放下并可完全盖严塑料薄膜，在东面或西面做一个“之”字形门（图 49）。白天卷起草帘露出塑料薄膜，让阳光照射升高棚内温度，夜间盖上草帘保温。另外，需在棚内再搭建黑色塑料薄膜棚，降低光照强度，以生产出洁白光滑的优质子实体。

图 49　日光温室大棚

(3) 菌筒支撑架设置

由于菌筒出菇时，须排放在支撑架上，因此，要准备好排放菌筒的支撑架。支撑架用竹竿或铁丝制作。竹竿支撑架的制作方法是：在塑料大棚内规划出 4 个排放菌筒的位置，中央为 2 个支撑架，宽为 140 厘米，两侧支撑架宽为 90 厘米，支撑架与支撑架之间留 40 厘米宽的人行道。支撑架距地面高为 25 厘米，每间隔 20 厘米排放 1 根竹竿，并捆绑固定，使之呈梯形（图 50）。此外，还可用铁丝制作支撑架，其做法是：先用竹竿或木棍做 1 个框状结构，距地面高度为 25 厘米，每间隔 200 厘米排放 1 根横杆，并在横杆上间隔 20 厘米开 1 个小槽，以防止铁丝向两侧滑动，然后在两端间距 20 厘米打 1 根斜木桩，将铁丝拉直固定在木桩上即为一个支撑架（图 51）。

图 50　竹竿支撑架

图 51　铁丝支撑架

2. 排放菌筒

将转色的菌袋，脱去塑料袋后，斜靠在支撑架上，呈“人”字形排列，菌筒不能倾斜过大，否则易弯曲，以菌筒1/3部位靠在支撑架上为宜（图 52）。

图 52　排放菌筒

3. 催　菇

香菇菌筒转色后，就具备了出菇能力。首先给予散射光照，光照强度达到100勒以上；同时加大温差刺激，即在晴天白天关闭塑料大棚，增加棚内温度，夜间将大棚两端的塑料薄膜揭开，降低棚内温度。利用昼夜温差来刺激出菇，连续处理4～5天。其间若棚内温度高于25℃时，要加强通风降温，同时，在塑料棚上加盖遮阳网隔热降温。当菌筒上出现菇蕾后，开始进入出菇管理（图53）。一般在脱袋后便开始出菇，主要是在脱袋过程中，菌筒受到振动刺激，诱导原基形成。有的菌筒上会形成数十个，甚至100多个子实体（图54），但菇体小，菌盖薄，质量较差。因此，要及时采收，才能避免菌盖展开。

图53　子实体形成

图54　子实体形成过多

4．子实体发育阶段管理

(1) 温度控制

将温度控制在15℃～25℃之间为宜，温度控制是通过调节塑料棚上遮阳设施和对塑料大棚的开闭进行。温度偏低时，减少通风量，让阳光照射塑料大棚来提高棚内温度。相反，温度高于25℃时，加强通风换气和在塑料棚上加盖遮阳网或草帘来隔热降温。

(2) 湿度调节

棚内空气相对湿度保持在85%～90%之间，湿度低时，实施人工喷水来提高湿度，喷水要做到少喷勤喷，并且干、湿交替管理，同时，减少通风量来保持湿度。但在采收前2天停止喷水，有利于产品保鲜和便于干燥（图55）。

图55　喷水保湿

(3) 通风换气管理

子实体生长期间须在空气新鲜、氧气充足的环境条件下，才能生长良好。若通风不良，二氧化碳浓度过高，会长成柄长、菌盖薄的菇，并且菌筒上还易孳生霉菌。当气温25℃时，每日晚间通风1次，每次30分钟左右；温度较低时，在晴天中午通风换气，每次20分钟左右。只有在环境条件适宜的情况下，生长的香菇子实体才多，并且柄短，菌盖厚，圆整（图56）。

图56　子实体生长状况

5．采收及采后管理

(1) 采收标准及方法

当子实体达到七八分成熟，菌盖尚未完全展开，边缘内卷时，即可采收（图57）。一旦菌盖平展后，菌盖变薄，其商品质量下降。采收方法是采大留幼，不留菇脚，将采下的鲜菇装入筐内，轻拿轻放，避免菇体损伤（图58）。采收香菇后的菌筒仍按原来的方位排放，以利于余下的幼菇继续生长。

图 57　适收的香菇

图 58　采收的香菇

(2) 采后管理

采收完一潮菇后，清除死菇和病菇，揭开大棚两端塑料薄膜，通风换气 2～3 天，停止喷水，让菌筒休养 7～10 天后，再进行催菇和出菇管理。若菌筒失水较多，须补充水分后才能出菇。在有子实体生长时，也可进行补水作业。补水的方法是用专用注水器进行补水，即将注水器的铁管插入菌筒内进行补水（图59）。补水至菌筒增重达脱袋出菇时菌筒重量的 80% 为宜，宁少勿多，一旦补水过多，菌筒内通透性下降，菌丝体生长、呼吸受阻，生长活动停止，只是表层菌丝体向子实体供应养分，结果子实体个体小，盖小而薄；气温高时，还会出现烂菌筒现象。补水后，可将菌筒调头放置，使菌筒内上下水分一致。随着出菇潮数增多，逐渐增加补水量，一般第一潮菇采收后可不补水，从第二潮菇采收后开始补水。采收4～5潮菇后，菌筒萎缩变小，不宜采用注水方法补水，应采取浸泡方法补水。

图59 补 水

(3) 诱导出菇

补水后的1～2天内，加大通风量，使菌筒形成内外干湿差，同时，给予温差刺激，诱导子实体形成，再调节温度、湿度和空气，人为创造子实体生长的最佳条件，让子实体健壮地生长发育（图60）。

图60 补水后生长的子实体

（二）夏季出菇管理

夏季生产香菇，须选用高温型菌株，如武香1号、申香2号和香菇16号等。同时，做好隔热降温管理。

1．夏季菇棚结构与建造

(1) 塑 料 棚

塑料棚的结构和建造方法同秋、冬、春季节生产香菇的塑料棚，但须在塑料棚上方50厘米处搭建遮阳棚，遮阳棚用遮光率在95%以上遮阳网覆盖（图61）。这样才有利于隔热降温。

图61　隔热塑料棚

(2) 遮 阳 网 棚

用竹竿制作屋脊式棚架，高为1.8～2米，长宽因地面而异。在棚架上覆盖遮光率在95%以上的遮阳网，既可遮阳，降低光照强度，又能通风散热降温（图62）。

图 62　遮阳网棚

2. 催菇管理

将转色的菌袋，脱去塑料袋后斜靠在支撑架上，在晚上揭开大棚两端塑料薄膜通风降温，即进行温差刺激，诱导原基形成，并分化出子实体（图 63）。若气温较高，无法实施温差刺激时，应适当加大通风量，让菌筒失水后，再喷冷水或注水刺激来诱导出菇（图 64）。

图 63　子实体形成

图 64　注水催菇

3．子实体生长发育阶段管理

子实体生长期间，要及时降低温度。温度高于28℃时，子实体生长快，菌盖薄，柄长。可通过加强通风换气和做好隔热降温管理来降低棚内温度。此外，还要加强喷水保湿管理，每次喷水进行通风换气，避免出现高温、高湿环境，引起霉菌孳生，出现烂菌筒现象。只要做好降温、保湿和通风换气管理，就能获得产量高、质量好的产品（图65）。

图65 夏季生长的香菇

4．采收及采后管理

(1) 采 收

夏季温度高，子实体生长快，因此，要及时采收才能确保产品质量，当子实体菌盖尚未展开，边缘内卷时，即可采收（图66）。采收方法同前。

图66 适收的香菇

(2) 采后管理

采收一潮菇后，休养7～10天后，或不休养，及时注水补充水分，为出菇做好准备。由于在夏季不易形成较大的温差，通过向菌筒注入冷水来造成温差是诱导出菇的有效方法之一。此外，若气温高于30℃，不能出菇时，也要加强保湿和通风换气管理，防止菌筒失水过多，造成菌丝体死亡，同时，也要防止出现高温、高湿环境引起菌筒上孳生霉菌、粘菌等杂菌，出现烂菌筒现象。

（三）覆土栽培出菇

1. 脱袋覆土栽培

在夏季气温过高，采取前面的栽培方法出菇不良时，可采取将菌筒半埋入土中出菇的方法，利用土壤来降温、保湿出菇。

(1) 脱袋覆土

将已完全转色呈棕褐色的菌袋，脱去塑料袋后进行埋土栽培。首先在地面上开畦，畦宽为120厘米，长度依地势而异，畦与畦之间相距50厘米，在畦的四周开好排水沟。将菌筒横卧排放在畦上，彼此之间相距10厘米左右，然后在菌筒间填入土，覆土至菌筒的1/2，使菌筒上半部露出土面，以利于出菇（图67）。

图67　覆土栽培

(2) 搭建遮阳棚

在菌床上需搭建遮阳棚，用于遮阳降温。其做法是：搭建高为180厘米的遮阳棚，遮阳网须用遮光率在95%以上的，或者用双层遮光率为95%的遮阳网（图68）。

图68 遮阳棚

(3) 出菇管理

脱袋覆土后，根据土壤和菌筒的干湿程度来保湿。要求保持土壤呈湿润状态。喷水保湿时，切勿喷水过多，以免菌筒腐烂。子实体长出后（图69），加大喷水量，水要喷成细雾状，防止泥沙附着在菇体上。空气相对湿度保持在85%～90%之间，若土壤湿润时，则不喷水就能满足子实体生长所需水分。但在高温季节，不能出菇时，也要适当喷

图69 子实体生长

水，保持土壤呈湿润状态，防止菌筒干裂，菌丝体死亡。但也应避免湿度过大，菌筒中含水量过多，引起霉菌和粘菌孳生，出现烂菌筒现象。

(4) 采收及采后管理

①采收标准及方法　当子实体菌盖边缘内卷，尚未展平时，就要及时采收。由于夏季温度高，子实体生长快，每天至少采收1次，避免菌盖展开，长成薄盖菇，降低商品质量。采收方法同前。

②采后管理　采收一潮菇后，休养7～10天，此期间应停止喷水，减少通风量，为下一潮菇生长储备充足养分（图70）。尔后，在夜间加大通风量，并喷水补充土壤和菌筒内水分，诱导原基形成。若已采收2～3潮菇，菌筒内失水较多时，可采取注水方式来补充菌筒内水分（图71）。当子实体形成后，减少通风量，喷水保持空气相对湿度在85%～90%之间，同时，做好降温管理，为子实体生长发育创造良好的环境条件。

图70　休养

图71　注水

2. 墙式覆土栽培

墙式覆土栽培是在菇房内，将菌筒似砌砖墙一样垒砌成菌墙，利用湿土来粘接菌筒。同时，以补充水分的方式进行出菇管理。

(1) 菌墙垒砌

采用砌菌墙方式出菇的菌筒要求较短，较大，以用17～18厘米×33厘米塑料袋装培养料的菌筒为宜。将转色呈棕褐色的菌筒，脱去塑料袋后垒砌成菌墙，或者利用已采收过2～3潮菇的菌筒来垒砌成菌墙。其做法是：首先在地上垒成土埂，宽为菌筒的长度，高为10厘米左右。然后将菌筒排放在土埂上，彼此之间相距3～5厘米，在菌筒缝隙和菌筒表面填充湿润细粒土，菌筒表面覆土厚度为2～3厘米，如此一层菌筒一层土壤垒砌成菌墙，在最上一层用泥土做成水槽状，用于盛水并向菌筒内补充水分，菌筒的两端要露出墙面，以利于子实体的形成和生长发育(图72)。菌墙与菌墙之间相距50～70厘米，用做人行道。

图72　菌墙制作

(2) 出菇管理

垒砌好菌墙后，喷水保持菌墙上土壤呈湿润状态，避免土壤干裂脱落和菌筒失水而不出菇；同时，给予温差刺激，即在夜间开启菇棚门窗通风降温，白天关闭门窗，保持出菇场所内光照明亮，光照强度在300勒以上。当子实体形成后，加强喷水管理，保持空气相对湿度在85%～90%之间，同时，加强通风换气，保持菇房内空气新鲜，为子实体生长创造良好的环境条件（图73）。

图73　子实体生长发育

(3) 采收及采后管理

当子实体菌盖尚未完全展开，边缘内卷时，即可采收。采收方法是采大留幼，同时，去掉死菇、病菇，不留菇脚，以免菇脚腐烂，霉菌孳生。

采收一潮菇后，停止喷水保湿，加大通风换气量，让菌筒稍失水，休养7～10天，然后再向菌筒补充水分，通过补充水分和冷水刺激子实体形成。补水方法是：在菌墙上水槽内加水，用细铁丝向下扎孔，让水渗入菌筒内，同时喷水保持菌筒上土壤呈湿润状态。并给予温差刺激，诱导子实体形成。随着出菇潮次增加，补水量也逐渐增多，但每次补水不宜过多，以菌筒增重至初期菌筒重量的80%为宜。

六、花菇生产

（一）菇棚的建造

菌袋接种60～80天，已达到生理成熟，并完全转变为棕褐色（图74），方可进入出菇阶段。因此，要提前搭建菇棚。出菇管理分为两个阶段，即催蕾和培育花菇。这两个阶段对环境条件的要求不同，因此，要分别建催蕾棚和育花棚，也可不建催蕾棚，选择适宜场地催蕾，或直接在育菇棚催蕾。

图74　适宜出菇的菌袋

1. 催蕾棚

场地要选择在阳光充足、全日光照，避北风，防寒流，环境清洁，无污染的地方。为了充分利用地温，促进出菇，可将场地整理成土坑式的半地下菇床。施工时，在地面挖深20厘米，宽600～700厘米，长度依地形而定，用土垒在两边，形成30厘米高的土埂（如不挖土坑，也可在地面用砖砌成）。在寒冷冬季，地下要建循环火道加温。床面铺一层干净河沙或稻草，将菌袋竖立排放，进行催蕾。半地下式菇床的两侧，每隔150厘米插1根毛竹行竿，搭成拱形支架，在上面用塑料薄膜覆盖，以利于保温、保湿。

2. 育花棚（菇棚）

菇棚构造和位置的选择是否合理，对于花菇的优质高产具有很重要的意义。菇棚应建在向阳、通风、干燥、近水源和环境清洁的地方。小棚最有利于培育花菇，菇棚设置以东西向为最好，也可根据地形条件安排，每间棚长500～600厘米，宽230～250厘米，面积12～15平方米（可排放菌袋500个左右），两端山墙顶高200～250厘米（棚顶呈拱形），其中间留宽50～90厘米，高170～200厘米的门，与门相对为80厘米宽的人行道。棚内两侧设床架，床架宽80厘米，每隔100～150厘米设立柱和横梁支撑，床架5～6层，层距25～30厘米，每层排放4根竹竿，用于排放菌袋，每层可横放2排菌袋。棚顶覆盖塑料薄膜，两边落地用土封严（图75）。冬季须加温时，可用暖气或在棚内设循环火道，提高热利用率。

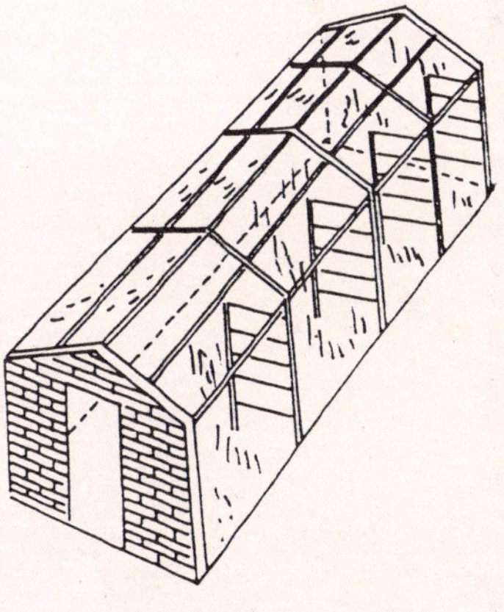

图75　育花菇棚

（二）花菇培育

1. 催　蕾

菇蕾要具备以下条件：白天温度控制在15℃～20℃，夜间8℃～10℃，昼夜温差可达10℃以上；空气相对湿度在80%～90%；充足的新鲜空气和散射光；培养料适宜含水量为50%～55%。在发菌期间由于刺孔增氧，培养料水分损失较多，通常偏干，故在催蕾前要进行浸水处理。即将菌袋排放在水池内，上面用木板、石料压实，然后灌水，以淹没菌袋为度。冬季水面至少要超过20厘米，以防冰冻。浸水时间应根据气温和水温而定，春秋季浸泡24小时左右，冬季约48小时，使培养料含水量达50%～55%。然后再将菌袋摆放到催蕾棚内进行催蕾（图76）。袋间距保持4～6厘米。排放菌袋后用塑料薄膜盖严，四周用土压实。通过浸水和干湿刺激、低温和湿差刺激、震动刺激、光线诱导等催蕾处理，经7天左右即可大量现蕾。

图76　催 蕾

2. 护　蕾

现蕾后，幼蕾尚未触及薄膜，应及时用刀片将幼蕾处的薄膜环割1圈（刀口划破应为4/5，使小部分相连），使菇蕾顺利长出（图77）。由于幼蕾适应性差，要掌握割袋时机。过早，菇蕾太小，抗逆性差，难以成活；过迟，菇蕾太大，易挤压，长大后多为畸形菇。此外，还要掌握温度、湿度、空气、光照之间的关系，提高变温催蕾的效果。

图77　割膜出菇

3. 疏　蕾

若幼蕾发生过密而造成挤压时，应进行疏蕾，选优去劣，以每袋保留6～8个子实体为宜。当幼蕾长到2厘米大小时，开始进行花菇培育。

4. 蹲　蕾

幼蕾（菌盖直径在2.5厘米以下的菇）生长后期，要注意控温促壮。将温度控制在5℃～12℃之间，空气相对湿度保持在80%～85%，一般须蹲菇5～7天，蹲菇的目的是防止幼菇生长过快，造成菌盖组织疏松。此阶段菌盖生长缓慢，个体增大速度降低，让营养积累使菌肉致密，坚实。

5. 催　花

(1) 催花时期

当菇盖直径达到2～2.5厘米，菇肉致密坚实，菇盖圆整（图78），为适宜催花期。如果菇盖直径小于2.5厘米催花，易形成花菇丁，大于2.5厘米，则培育不出优质花菇。只有菇质紧密坚实又在2～2.5厘米大小时，可使裂纹呈龟甲状，即可培育成优质的天白花菇或爆花菇。

图78　适宜催花的菇

(2) 催花的方法

当菇棚内大部分幼菇菌盖直径已达2～2.5厘米时，须适时进行催花。在天气晴朗的白天，上午10时以后，将菇棚上的塑料薄膜掀去，让太阳直接照射幼菇，微风吹拂幼菇，此时幼菇菌盖表面呈干燥状态。下午2～3时盖上塑料薄膜。晚上查看菇棚内小环境的湿度和幼菇菌盖表面的湿、粘情况，以此决定需不需要加湿与何时加湿。当手摸菌盖有潮湿感时可先不加湿，若干燥可加湿，发粘说明湿润度过大。加湿方法可采取将水蒸气通入棚内或向加温铁管上泼水产生蒸汽。一般要在晚上11～12时开始在菇棚内加温。加温的主要目的是排湿。将菌袋内温度维持在15℃以上。为防菇棚内温度超过30℃，加温时还须将菇棚一端的门打开，并将另一端墙上的塑料薄膜垫起留出一道缝隙，以便菇棚内空气流动，而达到排湿和调温的目的。加温时或加温后期再加湿，使幼菇菌盖表面湿润软化，加温4～5时后，突然将菇棚上盖的塑料薄膜全部掀开，幼菇菌盖表皮由湿热状态骤然遇干冷，再遇冷风吹拂，菌盖会立刻出现裂纹（图79）。当菌盖表皮出现裂纹时，上午10时以后将菇棚上的塑料薄膜掀去，让微风吹拂和太阳直接照射，下午2～3时再把菇棚上的塑料薄膜盖上。

图79 催 花

6. 育 花

当幼菇菌盖表皮出现裂纹后，依照催花方法连续4～5个晚上11时后，在菇棚内加温排湿4～5小时，使菌袋内料温达15℃以上，让幼菇慢慢生长，菌盖裂纹会加宽加深，并越来越白。晴天白天将菇棚上塑料薄膜掀去，让阳光直接照射裂纹，可增加白色度，形成天白花菇或爆花菇（图80）。

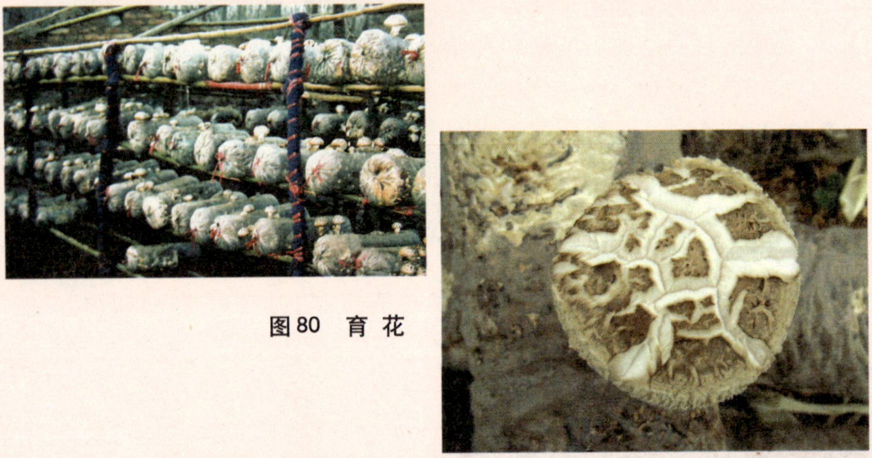

图80　育 花

7. 保　花

白花菇在生长发育过程中，要一直保持其白色度，必须将菇棚内空气相对湿度控制在70%以下。若菇棚内空气相对湿度达70%以上，经3～4小时后，同时温度在15℃以上时，菌盖表面露出的白色菌肉上会再生出一层薄薄的表皮，初形成的表皮细胞层很薄，为茶红色的膜，随着时间增长，且温度适宜时，菌盖表皮细胞增多，表皮加厚，颜色加深，把原来的白色菌肉覆盖，从而形成茶花菇，或红花菇，或暗花菇，而不是白花菇。因此，在白花菇生长过程中，为了保持菌盖表皮裂纹露出的菌肉呈白色且一直保持不变，关键是防止菇棚内空气相对湿度超过70%，控制空气湿度是保花的白色不变的关键（图81）。在湿度大，温度在10℃以下时，菇体也会慢慢变红。防止空气湿度增大的措施，要根据潮湿不同来源采用不同的方法。可采取盖严菇棚，用塑料薄膜与外界空气隔绝，或在地面上铺上塑料薄膜，以及加温排湿等几种方法，根据情况选用。

在保花过程中，只要空气相对湿度不超过70%，就不需要加温、排湿。若处于长期干燥时还须在菇棚内适当增加湿度，才能保持花菇正常生长，防止花菇干枯死亡。在5℃～12℃的低温条件下，花菇生长缓慢，但菌盖厚，柄短，质优。

图81　保 花

8. 采　收

当菌盖边缘尚内卷，菇体达到七八分成熟时就要采收(图82)。采收的花菇要及时干燥，因为放置时间过久后，在湿度大的情况下，白色花纹会变成红褐色(图83)，从而降低花菇质量。

图82　适收的花菇

图 83　花菇变色

9. 出菇间歇养菌和采收后补水

(1) 养　菌

采完一潮菇后，要让菌丝恢复生长一段时间，使其积累营养，以利于下潮菇生长。养菌时须保持温度在24℃～27℃之间，空气相对湿度为55%～70%，遮光，并使棚内空气流通、新鲜，让菌丝迅速生长，分解吸收培养料内营养。菌袋养菌一般为10～15天；当菇脚处培养料长出白色菌丝后，说明菌丝已充分发育，即可进行催菇诱导下潮菇长出。

(2) 补　水

由于每采收一潮菇后，菌袋内水分都会被消耗和蒸发一部分。因此，在采完一潮菇后，要进行补水。补水的方法有：水池内浸水，注水器加压注水，减压补水器补水，淋水等。不论采用那种方法补水，补水量要适当，不能过多，也不能过少，掌握“宁少勿多”的原则。以菌袋内培养料含水量达55%为宜。补水量过多，使菌丝柱内含水量超过60%时，危害很大，轻则不出菇，重则引起菌丝柱腐烂松散，造成减产。

七、产品保鲜与加工

(一) 鲜菇分级、包装与保鲜

1．鲜香菇分级整理

采收的鲜香菇经分级后出售，按质论价，才有利于提高效益。国内市场上销售的鲜香菇产品分级不严格，大致可分为 3 个等级，分级标准见图 84。

一级菇：菌盖边缘内卷，圆整，菌盖厚，六七分成熟，含水量低，菌柄短，粗壮，无病斑，无虫孔，无杂质。

二级菇：菌盖已平展，圆整，菌盖厚，其他同一级菇。

三级菇：薄盖菇，畸形菇，以及不符合一、二级产品的菇。

图 84　鲜香菇分级标准

出口鲜香菇分级标准较严格，分级标准见表4所示。

表4　出口鲜香菇分级标准

规格	菌盖直径(厘米)	A　级	B　级	单菇重(克)
大(L)	6～8	开伞度7分内，色泽良好，含水量低，形态良好，圆整，无损伤，无虫孔，无病斑，无污染	稍次于A级	＞35
中(M)	4～6			30～35
小(S)	4			＞25

2. 包装与保鲜

将经过分级整理的鲜香菇装入筐内或塑料袋内，塑料袋包菇时，每袋装量为5千克，这样便于在市场上批发销售（图85）。此外，也有将鲜香菇装入塑料盒，用保鲜膜包装，每盒装量6个、8个、10个不等。若将鲜香菇在0℃～4℃的冷冻库内进行预冷处理2～3小时，让菇体表面脱水，同时使菇体内温度下降，然后，再包装出售，这样有利于延长货架期。

鲜香菇不能及时出售或加工的，应装入筐内，在冷库内0℃～4℃下进行保鲜，在保鲜期间，菇体水分会下降10%左右。经过冷冻处理的鲜香菇须在20℃下进行快速包装，包装好后，再装入纸箱或泡沫箱内进行运输或出口。

图85　鲜菇包装

（二）干制方法

1. 干制设施

干制有热风干燥、远红外线干燥和冷冻干燥等设施和设备。最简便的干燥设施为热风干燥装置。即用一个铁管制作成烧煤或木材的热交换器，用排风扇对加热的铁管吹风，产生热空气输入干燥室内，干燥室位于加热设施两侧，用砖或层板制作（图86）。干燥室内装横隔，用于排放烘烤筛。烘烤筛用铁丝或竹片制作。

图86　热风干燥设备

2. 干制方法

将鲜菇的菌柄剪去一部分，留下1厘米长的柄，或不剪去菌柄，分级后分别进行干燥。此外，也有将香菇切成薄片后进行干燥，加工成香菇片。将鲜菇单层排放在烘烤筛上，菌盖完全展开的菇，菌褶向下排放，菌盖边缘内卷的菇，菌褶向上排放。在香菇的干制过程中，干燥时的温度上升不能过快，以每小时使鲜菇失重4%～6%为好。干燥作业的终止温度，一般不超过65℃。香菇干燥过程中，前期、中期和后期的温度和通风量均不同，操作程序见表5。

表5 香菇干制操作程序

烘干期	时间(小时)	温度(℃)	风门控制	脱水度(%)
前期	0～5	35～45	全开	70
中期	5～14	45～60	2/3～1/3开	85
后期	14～15	60～64	全关	87

3. 干香菇的分级与包装

(1) 干香菇的分级标准

我国已制订了干香菇的分级标准(表6)，将干香菇分为花菇、厚菇和薄菇3个等级。其中花菇中又分为3个等级(图87)。

图87 花菇分级

表6　干香菇分级标准（中华人民共和国商业行业标准GH/T 1013—1998）

表6–1　花　　菇

项　目	级　别		
	一	二	三
颜　色	花纹色淡、明显、菌褶淡黄色	花纹色较深、菌褶黄色	花纹棕褐色、菌褶深黄色
厚薄（厘米）	≥ 0.5	≥0.5	≥0.3
形　状	近半球形或伞形、规整	扁半球形或伞形、不规整	扁半球形或伞形、不规整
开伞度（分）	6	7	8
大小（厘米）	≥4，均匀	2.5~4	≥2
菌柄长	≤菌盖直径		
气　味	香菇香味、无异味		
残缺菇（%）	重　量≤1		重　量≤5
褐色菌褶，虫孔，霉变菇（%）	重　量≤1		重　量≤5
杂质（%）	重　量≤ 0.2		重　量≤1
不允许混入物	毒菇、异种菇、活虫体、动物毛发和排泄物、金属物		

表6–2　厚　　菇

项　目	级　别		
	一	二	三
颜　色	菌盖淡褐至褐色、菌褶淡黄色	菌盖淡褐至褐色、菌褶黄色	菌盖淡褐至褐色、菌褶深黄色
厚薄（厘米）	≥ 0.5	≥0.5	≥0.3
形　状	近半球形或伞形、规整	扁半球形或伞形、不规整	扁半球形或伞形、不规整
开伞度（分）	6	7	8
大小（厘米）	3~5，均匀	≥3	≥2.5
菌柄长	≤菌盖直径		
气　味	香菇香味、无异味		

续表 6–2

项　目	级　别		
	一	二	三
残缺菇（%）	重　量≤1		重　量≤5
褐色菌褶，虫孔，霉变菇（%）	重　量≤1		重　量≤5
杂质（%）	重　量≤ 0.2		重　量≤1
不允许混入物	毒菇、异种菇、活虫体、动物毛发和排泄物、金属物		

表 6–3　薄　　菇

项　目	级　别		
	一	二	三
颜　色	菌盖淡褐至褐色、菌褶淡黄色	菌盖淡褐至褐色、菌褶黄色	菌盖淡褐至褐色、菌褶深黄色
厚薄（厘米）	≥ 0.2	≥0.2	≥0.1
形　状	扁平形、规整	扁平形、不规整	扁平形、不规整
开伞度（分）	7	8	9
大小（厘米）	≥4，均匀	≥4	≥3
菌柄长	≤菌盖直径		
气　味	香菇香味、无异味		
残缺菇（%）	重　量≤1	重　量≤3	重　量≤5
褐色菌褶，虫孔，霉变菇（%）	重　量≤1		重　量≤5
杂质（%）	重　量≤ 1		
不允许混入物	毒菇、异种菇、活虫体、动物毛发和排泄物、金属物		

（三）盐渍加工

盐渍是一种较好的贮藏方法，盐渍菇脱盐后，可用于生产罐头产品，以及直接制作菜肴食用，是一种常用而简便的加工方法。

1. 加工设施设备

(1) 杀 青 锅

杀青锅是用来煮鲜菇的。杀青锅要求为铝锅或不锈钢锅，不能使用铁锅、铜锅，否则煮菇后菇体会变色，影响产品质量。杀青锅大小一般为口径80厘米，深为60厘米。配套的灶类按一般生活用灶的方法建造，用煤作燃料（图88）。有蒸汽锅炉的，可用夹层锅来杀青。

图88 杀青锅

(2) 冷 却 漂 洗 池

冷却漂洗池是用于对已杀青的菇体进行冷却漂洗，以去除杀青水和杂质的池，位于杀青锅与盐渍池之间。一般由3个连体的小池组成，用砖和水泥砌制而成，大小为长60厘米，宽50厘米，深50厘米，在每个池的底部安装一个排水阀门（图89）。生产量小的，可用塑料盆来冷却漂洗杀青菇。

图89 冷却漂洗池

(3) 盐渍池

盐渍池是用来装盐渍菇的池，用砖砌制而成。在地面挖坑，坑深100厘米左右，在地面上再用砖砌100厘米高，使整个池高为200厘米左右，长和宽因地势而定，也可直接在地面用砖砌池。池的四壁用水泥沙浆抹面，防止水渗漏，或者在内壁上砌上白色瓷砖。至少要2个池，才便于分级盐渍。根据生产量来设计盐渍池的大小，一般每立方米可装盐渍菇0.8吨（图90）。

图90 盐渍池

2. 盐渍加工

(1) 分级整理

将鲜香菇的菌柄距菌盖1厘米处剪去，并根据大小和开伞程度进行分级，一般分为2个等级：一级菇，菌盖边缘内

图91 鲜菇分级整理

卷，七八分成熟，菌盖圆整，厚实；二级菇，八九分成熟，菌盖边缘稍内卷，菌盖圆整，稍薄(图91)。经分级整理后的鲜菇，须及时进行盐渍加工，防止褐变或腐烂。

(2) 杀 青

在锅内装水，加热烧开后，将分级整理过的菇体放入开水中，按一份菇二份水的比例倒入菇体，旺火烧开锅内水煮菇，煮至菇体内无硬心，而又不烂为止。检测菇体是否煮熟透的方法是：将菇体放入冷水中，若菇体沉入水中，则表明已煮熟透，浮在水面时，则表明没有煮熟。

(3) 冷却漂洗

将杀青的菇体捞出放入冷水池内或盆内，使菇体冷却至内外温度与室温一致，并多次换水漂洗，去掉菇体内杀青水，使菇体色泽美观。只有冷却了的菇，才能进行盐渍，否则盐渍后会变质。

(4) 盐渍贮藏

将冷却了的菇体捞出，沥去水后装入池中，按一层菇一层盐的方法装池，用盐量为菇体的30%；或在菇体中加入盐，混合拌匀后再装池或装桶。装池或装桶后，加入饱和盐水淹没菇体(图92)。盐渍10天以后方可出售。

图92 盐渍香菇

八、病虫害防治

（一）病害防治

1. 木　霉

木霉是香菇生产过程中常见且危害较大的一种竞争性杂菌。木霉种类较多，常见的木霉有绿色木霉（*T. richoderoma viride*）、康氏木霉（*T. konigii*）、多孢木霉（*T. polysporum*）、长梗木霉（*T. longibrachiatum*）和哈茨木霉（*T. hazianum*）等。木霉侵染后抑制香菇、花菇菌丝体生长，从而造成菌袋报废。子实体也会受到木霉侵染（图93）。

(1) 发生条件

高温、高湿，通风不良，培养料呈酸性时易感染木霉。主要是通过孢子传播而感染。

(2) 防治方法

第一，生产原料要新鲜、干燥。培养料灭菌要彻底，在100℃左右下灭菌10小时以上，彻底杀灭培养料中的木霉菌孢子。

第二，培养菌种期间加强通风换气，降低温度和湿度，将空气相对湿度控制在80%以下，避免高温高湿。

第三，菌种中出现木霉菌感染后，及时挖出培养料，少量地加入新鲜培养料混合均匀，再装袋灭菌后利用。也可将培养料烧毁，或深埋入土中。

第四，出菇场地在使用之前，须喷洒0.1%克霉灵或。0.1%多菇丰等杀菌剂，最好以多种杀菌剂交替使用或混合使用。同时加强通风换气，保持菇房内空气新鲜。

图93 木霉

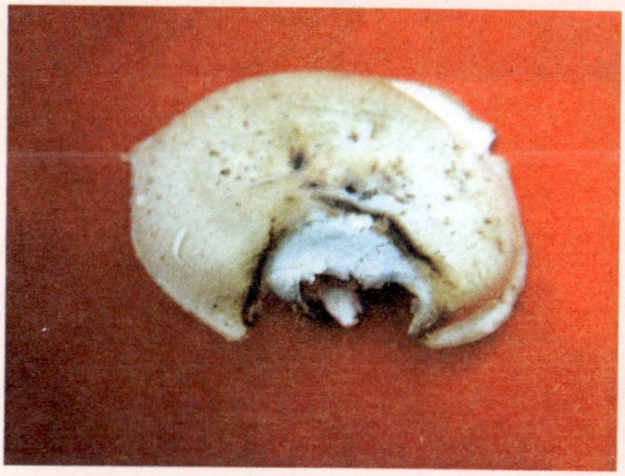

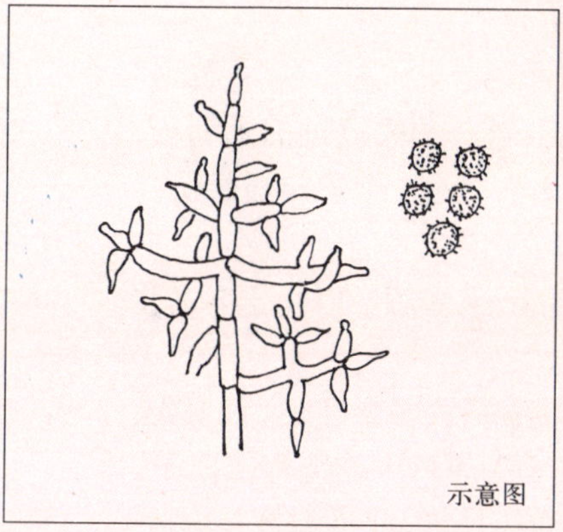

2. 链孢霉

链孢霉又叫脉孢霉、红色面包霉、红霉菌，常见的有好食脉孢霉（*Neurospora sitoohita*）和粗糙脉孢霉（*N. crassa*）。是夏季生产时常见且危害严重的一种杂菌。具有生长速度快，传染性强等特点。感染链孢霉后，在5～7天内菌丝体就可长满菌袋或菌瓶，并在瓶口或袋口形成橘红色块状物或孢子粉（图94）。

图 94　链孢霉

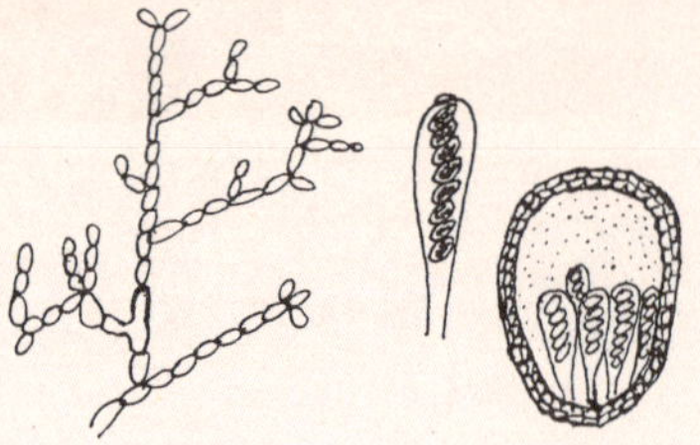

(1) 发生条件

自然条件下主要生长在嫩玉米芯和火烧过的木材上。在高温、高湿环境条件下极易发生，通过孢子传播感染。

(2) 防治方法

第一，在生产场地禁止丢弃嫩玉米芯，以免玉米芯上生长链孢霉污染环境。

第二，原料要新鲜、干燥。培养料灭菌要彻底，在100℃左右下灭菌10小时以上，彻底杀灭原料中的链孢霉孢子。

第三，培养发菌期间，加强通风换气，降低温度和湿度，避免出现高温、高湿的环境，恶化链孢霉孢子萌发的条件。

第四，培养发菌3～4天后，及时检查，清理出感染链孢霉的菌袋，防止产生孢子后传播感染。若已形成孢子粉的，要用塑料袋或湿纸包裹着捡出，避免抖落掉孢子后引起传染。将污染物及时烧毁，或深埋入土中。及时倒出培养料，拌入新鲜培养料中混合灭菌后再利用。

第五，培养室和接种室在使用之前，喷洒复合酚或甲醛液进行杀菌处理。

3. 根　霉

根霉也是一种常见的杂菌。常见的根霉为黑根霉（*Rhizopus nigricans*）。培养料上感染根霉后，形成网状菌丝体，并产生黑色点状分生孢子（图95），与香菇竞争养料，造成减产。

图95　根　霉

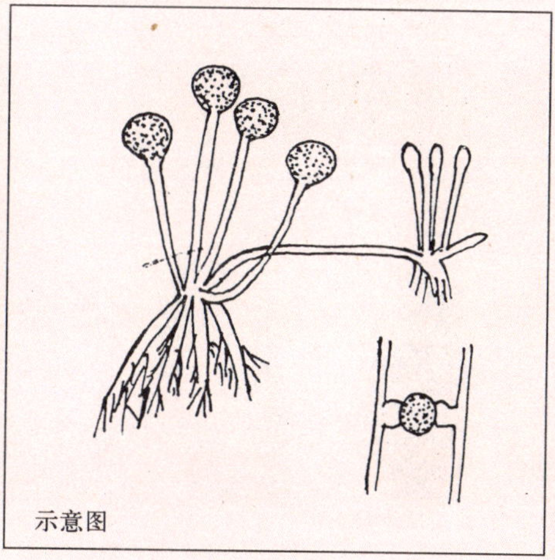

(1) 发生条件

自然条件下，生长在土壤、动物粪便和各种有机物上。孢子通过空气传播。

(2) 防治方法

第一，培养料要新鲜、干燥。消毒要彻底，杀灭培养料中的根霉孢子。

第二，接种时，接种环境要认真消毒，防止接种工具粘上生水。

第三，培养菌种期间，加强通风换气，保持培养室内干燥。

第四，出现根霉感染后，及时将培养料挖出，混入新鲜培养料中灭菌后再利用。

4. 毛　霉

毛霉也是一种常见杂菌，主要为总状毛霉（*Mucor eacemosus*）。培养料感染毛霉后，长出粗壮致密的菌丝体和黑色孢子囊（图96），与香菇菌丝争夺养分，甚至抑制香菇生长。

图96　毛 霉

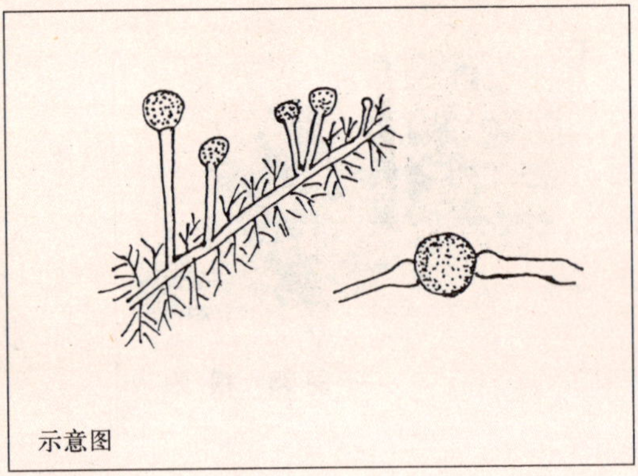

(1) 发生条件

毛霉在自然条件下生长在土壤、空气、粪便和堆肥中，特别是菌种培养时，出现40℃以上高温后极易感染毛霉。

(2) 防治方法

第一，培养室在使用之前，喷洒消毒剂，如0.1%克霉灵、0.1%的多菌灵等杀灭环境中的毛霉菌孢子。

第二，培养期间，加强通风换气和降温管理，防止出现40℃以上高温烧死菌种，尔后长出毛霉。同时保持培养室干燥，避免封口物潮湿。

第三，出现毛霉感染后，及时挖出培养料，拌入新鲜培养料中，及时消毒以后再利用，或烧毁，或埋入土中。

5. 曲　霉

危害香菇的曲霉主要有灰绿曲霉（*Aspergillus glaucus*）和黄曲霉（*Aspergillus flavns*）。菌种中感染曲霉后，形成大量的孢子，抑制香菇菌丝生长（图97）。在棉塞和麦粒上极易生长曲霉。

图97　曲　霉

(1) 发生条件

在高温、高湿下极易危害，主要是通过空气传播孢子感染。

(2) 防治方法

第一，培养菌种期间，要防止出现高温、高湿环境，加强通风换气，降低湿度，防止棉塞受潮。

第二，使用麦粒菌种时，应在冬季接种，不宜在夏天接种，否则易在麦粒上长出曲霉。

第三，出现曲霉感染后，及时挖出培养料，拌入新鲜培养料中消毒后再利用，或烧毁、或埋入土中。

6. 粘　菌

香菇菌筒上出现粘稠状白色物，随后变为咖啡色毛发状，菌筒变黑，香菇菌丝体消失，菌筒腐烂解体（图98）。其病原菌为美发网菌（*Stemonitis splendons* Rostaf.）和煤绒菌［*Faligo septica*（L）Web］。

图98　粘　菌

(1) 发生条件

在夏季高温、高湿条件下易发生、通过水、土壤和昆虫传播。

(2) 防治方法

第一，出菇期间，加强通风换气，避免出现高温、高湿的环境，恶化粘菌生长的环境条件。

第二，菌筒补水不宜过多，以补水后菌筒的重量为初期菌筒重量的80%为宜，补水后，加强通风换气管理，让菌筒表面稍干燥。

第三，出现粘菌感染后，在发病部位涂抹杀菌剂，如0.1%克霉灵，或0.1%多菇丰等药液，连续进行2～3天，控制粘菌生长，防止传染其他菌筒。

7. 裂褶菌

菌筒上既长有香菇菌丝，又有裂褶菌生长，与香菇菌丝体之间形成拮抗线，生长裂褶菌部位菌筒不转色（图99）。

图99 裂褶菌感染

(1) 发生条件

生产场地周围枯木中生长有裂褶菌，裂褶菌孢子通过接种菌种时进入培养料内萌发生长，或菌袋表面出现小孔，裂褶菌担孢子进入萌发而生长。

(2) 防治方法

第一，茹场周围枯木上生长有裂褶菌或其他杂菌时，要及时烧毁，消除传染源。

第二，接种之前，认真做好消毒处理，杀灭接种场所内的裂褶菌孢子。

第三，在香菇菌筒上出现有部分不变色，并形成拮抗线的，应截去烧毁，防止裂褶菌子实体形成，并弹射出孢子，传染其他菌筒。

8. 菌筒转色不良

香菇菇筒不转色，仍为白色，或出现褐白相间转色不良的菌筒（图 100），在出菇期间极易被木霉菌侵染，或者不出菇。

图 100　转色不良的菌筒

(1) 发生原因

菌筒转色期间温度低，湿度低，菌筒表面菌丝体无法恢复生长，造成菌筒不转色，或转色不良。此外，使用菌株不当，如适宜段木栽培的香菇菌株，进行培养料栽培时，往往会出现不转色。

(2) 防治方法

第一，选择适宜培养料栽培的香菇菌株，段木栽培的香菇菌株不宜用于培养料栽培。分离的菌株要经出菇试验，确认转色正常，子实体产量和质量均没有发生变异后，才能用于生产，否则有可能出现转色不良。

第二，菌筒转色期间，保持温度在22℃～25℃之间，空气相对湿度在80%～85%之间。气温低时，应采用不脱袋培养转色法处理。

第三，出现不转色或转色不良的菌筒，不能进行出菇管理，将其平放在湿润土壤上，覆盖塑料薄膜保温保湿，让其转色，接触土壤的一侧转色后，再调换菌筒的接土部位，继续排放，让另一面转色，使其转色均匀一致。

9. 菌筒腐烂病

菌筒腐烂是由多种微生物侵染所致，有如木霉、粘帚霉（*Gliocladium virens*）、白地霉（*Geotrichum candidum* Link）、青霉以及细菌等。在夏季温度高时，极易出现烂菌筒现象。菌筒变黑，香菇菌丝体消失，菌筒自然崩解（图101）。

图101　菌筒腐烂病

(1) 发生原因

在高温、高湿季节，受到多种杂菌危害所致，特别是菌筒转色不良，以及菌筒内补水过多后，极易出现菌筒腐烂。

(2) 防治方法

第一，夏季栽培时，在培养料中拌入0.1%多菇丰药液，可有效防治霉菌危害。同时，菌筒转色要稍深，形成较厚的菌皮，才有利于防止杂菌侵染。

第二，出菇期间，加强通风换气，干湿交替地管理，避免长期处于高温、高湿的环境条件下，引起杂菌侵染。

第三，在菌筒内补水时，切勿过多，以补水后，菌筒的重量仅有原菌筒的80%为宜，补水后，加强通风换气，让菌筒表面稍干燥后再催菇。

第四，在夏季高温季节，不出菇时，菌苘不要长期处于干燥状态，一旦菌筒失水过多，出现干裂，菌丝体就会死亡了，补水后，就会出现烂菌筒现象。

第五，菌筒上出现有霉菌侵染后，及时喷洒施保功或0.1%多菇丰等农药杀灭，或者采用多种杀菌剂混合处理来抑制杂菌侵染。防止扩散和传染。

第六，覆土栽培的，在畦面上和覆盖的土壤中，喷洒0.1%多菇丰药液，对土壤进行消毒处理，可有效地防止菌筒感染杂菌而出现腐烂。

10. 香菇褐腐病

香菇子实体初期变为褐色，随后腐烂，散发出难闻的气味（图102）。其病原菌为荧光假单孢杆菌（*Pseudomonas fluorscens* Migula）。

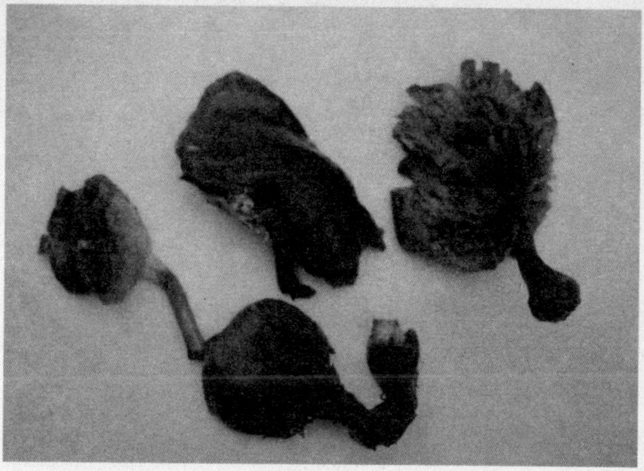

图102 褐腐病

(1) 发生条件

温度偏高（20℃）、湿度过大时极易发生。采收的鲜菇装入塑料袋内贮藏时间过长后，也会出现褐腐病。通过水、空气和接触病菇而感染。

(2) 防治方法

第一，子实体生长期间，气温高于20℃时，加强通风换气管理，避免出现高温、高湿的环境。

第二，菌筒补水和保湿用水，要使用清洁的井水或自来水，切勿使用污染的河水或池塘水。

第三，出现该病后，及时摘除病菇，并停止喷水，加强通风换气，并喷洒农用链霉素抑制病原菌。

第四，采收的鲜菇要及时出售或加工，或者在1℃～4℃下贮藏。

11. 香菇褶腐病

香菇子实体菌褶上出现褐色斑块，随后菌褶相互连接，导致菇体变软腐烂（图103）。其病原菌为头孢霉（*Cephalosporium lamellicola* F.E.Smith.）。

图 103　香菇褶腐病

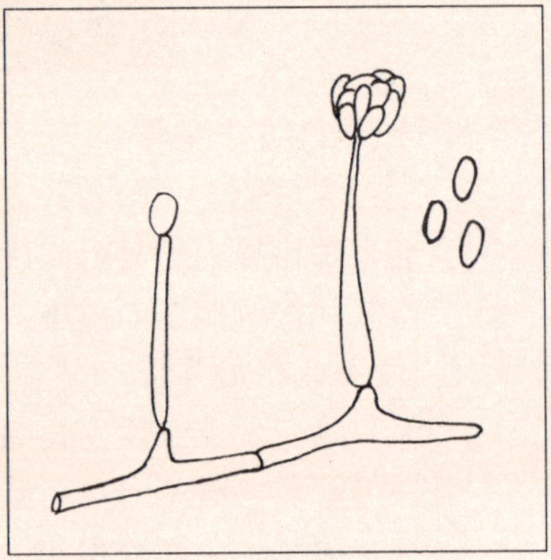

(1) 发生条件

在潮湿的环境条件下，易出现该病。通过土壤、空气和昆虫传播孢子而引起感染。

(2) 防治方法

菇棚在使用之前，清除废旧菌渣，并喷洒0.1%的多菌灵或0.1%克霉灵等杀菌剂，清除病原菌。

出现染病后，及时摘除烧毁或掩埋病菇。加强通风换气，改善环境条件。

12. 褐 斑 病

香菇子实体发病后，初期在菌盖上出现褐色斑点，病斑形状、大小不规则，湿度大时，会出现白色霉层（图104）。其病原菌为丝枝霉菌（*Aphanocladium aibum*）。

图104 褐斑病

(1) 发生条件

在温度偏高，湿度过大时易发生。通过水、空气和昆虫传染。

(2) 防治方法

第一，连续使用多次的香菇棚，在使用之前，喷洒0.1%多菇丰药液或0.1%克霉灵等杀菌剂，消除病原菌。

第二，子实体生长发育期间，加强通风换气，避免长期处于高温、高湿环境条件下。

第三，出现病害后，及时摘除病菇，停止喷水1～2天，加强通风换气。

第四，适时采收，在菌盖尚未完全展开，七分成熟以前采收，可减少该病的危害程度。

13. 畸形菇

子实体长成拳头状，菌盖与菌柄粘连，或菌盖与菌筒粘连（图 105），是一种生理性病害。

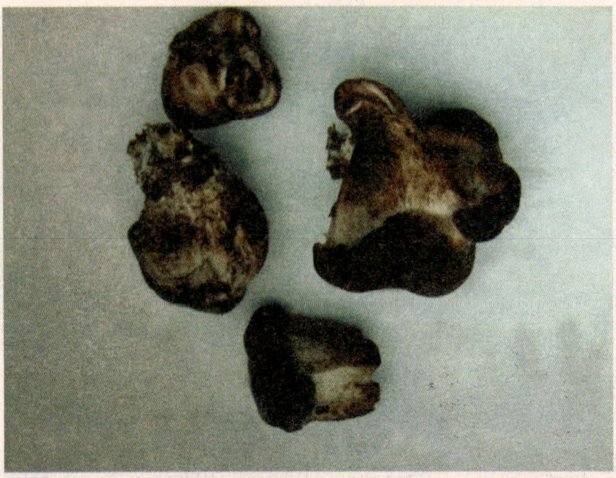

图 105　畸形菇

(1) 发生原因

菌筒内二氧化碳浓度过高，脱袋过迟，子实体生长受到塑料薄膜的抑制而无法正常生长，一般第一潮菇发生畸形菇较多。

(2) 防治方法

第一，培养发菌期间，在菌丝体生长达菌筒2/3，或刚长满菌筒时，用铁钉钯进行刺孔，增加菌筒的通气性，排出二氧化碳。

第二，子实体形成后，及时脱袋或剪破塑料袋，让子实体生长出来。

第三，出现畸形菇后，及时摘除，改善环境条件，创造香菇子实体生长的良好条件。

14．香菇病毒病

香菇菌种感染病毒病后，菌丝体内的代谢活动受到了严重的抑制，降低了纤维素酶、半纤维素酶和漆酶等酶的活性，分解纤维素、半纤维素和木质素的能力减弱。从而造成菌筒上出现不均匀的花斑，子实体出现畸形（图106）。香菇病毒病有3种球形病毒，直径为25纳米、30纳米、36纳米、39纳米和45纳米，以及杆状病毒(20纳米 × 100～200纳米)。

图106　病毒病

(1) 发生原因

菌种带病毒，以及带病毒的香菇担孢子落到菌筒上，而引起发病。

(2) 防治方法

第一，认真检查母种、原种和栽培种，把菌丝生长不正常的菌种剔除，并及时烧毁或深埋入土中。

第二，栽培香菇结束后，及时清除废菌筒，喷洒2%甲醛液进行消毒处理。

（二）虫害防治

1. 多 菌 蚊

多菌蚊幼虫在香菇子实体菌褶上取食，并吐出丝状物（图107），从而使香菇失去商品价值。

(1) 生活习性

在温度偏高时活跃，成虫飞翔能力强，幼虫可行无性繁殖，繁殖快，成虫具有趋光性。

(2) 防治方法

第一，培养室和菇房在使用之前，清扫去除废旧菌袋，并喷洒杀虫剂如3 000～4 000倍溴氰菊酯等农药杀灭害虫。培养菌袋期间，也要喷洒农药除虫。

第二，出现虫害后，在菇房内安装粘虫纸进行诱杀。在未出菇之前，喷洒农药杀灭害虫。

图107　多菌蚊及为害症状

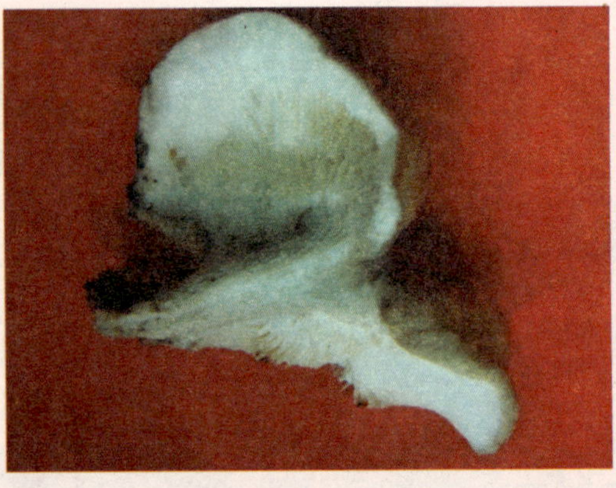

2. 蛞 蝓

又叫鼻涕虫、悬达子、粘粉虫、软蛭等，为害香菇的种类主要为野蛞蝓（*Agriolimax agrestis Linnaeus*）。蛞蝓取食菌褶，并咬出缺口，使香菇子实体长成畸形或生长停止（图108）。

图108 蛞 蝓

(1) 生活习性

适宜在中温、阴湿的环境下生活，昼栖夜出，白天潜伏在阴暗潮湿的草丛、石块、砖块和土穴中，夜间出来寻食。

(2) 防治方法

第一， 清除杂草、瓦块和砖块，并在菇棚四周撒石灰粉或菜籽饼粉，形成隔离带等。

第二，出现蛞蝓为害后，在菌床上喷洒10%食盐水，或将石灰粉撒在蛞蝓出入口和在蛞蝓身上杀灭。

第三， 在菌床四周放上新鲜嫩蔬菜或青草，引诱蛞蝓取食后集中杀灭。

主要参考文献

1　黄年来主编.中国香菇栽培学.上海:上海科学技术文献出版社，1993
2　吴经伦，黄年来主编.中国香菇生产．北京：中国农业出版社，2001
3　姚淑志，张寿橙编著.花菇栽培新技术．北京：中国农业出版社，1997
4　陈士瑜编著.花菇高效栽培．北京：中国农业出版社，1999
5　杨瑞长，乔卫亚，关斯明编著.中国香菇栽培新技术.北京：金盾出版社，1998
6　杨新美主编.中国菌物传承与开拓．北京：中国农业出版社，2001
7　裘维番主编.菌物学大全.北京：科学出版社，1998
8　黄年来编著.食用菌病虫防治（彩色）手册.北京：中国农业出版社，2001
9　宋金俤．食用菌病虫害彩色图谱.南京：江苏科学技术出版社，2004